W0261495

Praxis der Bauwirtschaft

Herausgegeben von Professor Dr. Karlheinz Pfarr

Manfred Koopmann

Kostentransparenz und Kostenpolitik
als Teil einer systematischen Immobilienpolitik

Mit 40 Abbildungen

Springer-Verlag Berlin Heidelberg NewYork
London Paris Tokyo 1989

Dr.-Ing. Manfred Koopmann
Berlin

Berlin 1988
D 83

ISBN-13:978-3-642-83690-9   e-ISBN-13:978-3-642-83689-3
DOI: 10.1007/978-3-642-83689-3

CIP-Kurztitelaufnahme der Deutschen Bibliothek
Koopmann, Manfred
Kostentransparenz und Kostenpolitik als Teil einer systematischen
Immobilienpolitik/Manfred Koopmann
Berlin ; Heidelberg ; NewYork ; London ; Paris ; Tokyo : Springer, 1989
  (Praxis der Bauwirtschaft)
  ISBN-13:978-3-642-83690-9 (Berlin ...)

Dieses Werk ist urheberrechtlich geschützt. Die dadurch begründeten Rechte, insbesondere die der Übersetzung, des Nachdrucks, des Vortrags, der Entnahme von Abbildungen und Tabellen, der Funksendung, der Mikroverfilmung oder der Vervielfältigung auf anderen Wegen und der Speicherung in Datenverarbeitungsanlagen, bleiben, auch bei nur auszugsweiser Verwertung, vorbehalten. Eine Vervielfältigung dieses Werkes oder von Teilen dieses Werkes ist auch im Einzelfall nur in den Grenzen der gesetzlichen Bestimmungen des Urheberrechtsgesetzes der Bundesrepublik Deutschland vom 9. September 1965 in der Fassung vom 24. Juni 1985 zulässig. Sie ist grundsätzlich vergütungspflichtig. Zuwiderhandlungen unterliegen den Strafbestimmungen des Urheberrechtsgesetzes.

© Springer-Verlag Berlin, Heidelberg 1989
Softcover reprint of the hardcover 1st edition 1989

Die Wiedergabe von Gebrauchsnamen, Handelsnamen, Warenbezeichnungen usw. in diesem Werk berechtigt auch ohne besondere Kennzeichnung nicht zu der Annahme, daß solche Namen im Sinne der Warenzeichen- und Markenschutz-Gesetzgebung als frei zu betrachten wären und daher von jedermann benutzt werden dürften.

Sollte in diesem Werk direkt oder indirekt auf Gesetze, Vorschriften oder Richtlinien (z.B. DIN, VDI, VDE) Bezug genommen oder aus ihnen zitiert worden sein, so kann der Verlag keine Gewähr für Richtigkeit, Vollständigkeit oder Aktualität übernehmen. Es empfiehlt sich, gegebenenfalls für die eigenen Arbeiten die vollständigen Vorschriften oder Richtlinien in der jeweils gültigen Fassung hinzuzuziehen.

2068/3020-543210

Vorwort

In der Tages- und Fachpresse werden seit Jahrzehnten gravierende Kostenüberschreitungen, insbesondere von markanten Bauobjekten, heftigst kritisiert.
Als Verursacher werden in der Regel die beteiligten Architekten und Ingenieure
- nicht immer zu Unrecht - erwähnt.
Daher stand bei vielen wissenschaftlichen Analysen die Zielsetzung "Erhöhung
der Kostensicherheit bei den Kostenermittlungsverfahren" im Vordergrund.
Der in den Forschungsergebnissen deklarierte Genauigkeitsgrad der Kosten-
ermittlungsverfahren war dann in der Umsetzung von den praktizierenden
Architekten jedoch nur durch eine überproportionale Steigerung des Auf-
wandes zu erreichen.
Die vorliegende Arbeit zeigt jedoch, daß es durchaus möglich ist, in den
Phasen der Projektdefinition und Vorplanung - ohne eine nicht honorierbare
Steigerung des Aufwandes für den Architekten - eine Erhöhung der Kosten-
sicherheit zu erreichen.
Die Problemstellung einer Verbesserung der Kostentransparenz als Voraus-
setzung für die Erhöhung der Kostensicherheit wird jedoch nicht separat
betrachtet. Vielmehr werden die Fragestellungen "Kostentransparenz" und
"Kostenpolitik" als Teil einer systematischen Immobilienpolitik herausgearbeitet.

Die Arbeit entstand während meiner Zeit als wissenschaftlicher Mitarbeiter an
der Lehreinheit für Bauwirtschaft und Baubetrieb an der Technischen
Universität Berlin. Mein besonderer Dank gehört meinem verehrten
akademischen Lehrer, Herrn Prof. Dr. Karlheinz Pfarr, der mich auf die
Bedeutung dieser Thematik aufmerksam machte und die Entstehung dieser
Arbeit als kritischer Diskussionspartner begleitet hat.

Berlin, im Januar 1989   Dr.-Ing. Manfred Koopmann

Inhaltsverzeichnis

Verzeichnis der Abbildungen

Verzeichnis der Tabellen

Verzeichnis der Anlagen

1 Einleitung

In der Bundesrepublik Deutschland sind in den letzten Jahren gravierende Veränderungen auf dem Immobilienmarkt zu beobachten.

Bis Mitte der 60er Jahre gab es kaum Probleme, für jede neu erstellte Immobilie einen Käufer bzw. einen Mieter zu finden. Der Nachhol- und Zusatzbedarf auf den unterschiedlichen Teilmärkten (z.B. Wohnungsbau und Bürobauten) wurde von Institutionen nachgefragt, die mit genügend Kaufkraft ausgestattet waren. Durch die ausreichende Bereitstellung von Subventionen wurde die Nachfrage ebenfalls verstärkt. Somit bestand die Hauptaufgabe der Immobilien- und Bauwirtschaft fast ausschließlich darin, genügend Flächen (m^2 Wohnfläche, m^2 Bürofläche usw.) zu "produzieren". Die Plazierung dieser Leistungen am Markt stellte kaum ein Problem dar.

Dies hatte u.a. zur Folge, daß die Realkreditgeber, vor dem Hintergrund langfristig gesicherter Erträge und kontinuierlicher Wertsteigerungen, überwiegend den Sachwert zur dinglichen Absicherung der Realkredite heranzogen. Die Entwicklung in den letzten Jahren zwingt jedoch zum völligen Umdenken.

Besonders im Objektbereich Wohnungsbau sind bei Eigenheimen und Eigentumswohnungen, also bei der selbstgenutzten Immobilie, seit Beginn der 80er Jahre drastische Veränderungen eingetreten.

In Zeiten hoher Inflationsraten stellt für den Investor die Wertsteigerung der Immobilie, hervorgerufen durch überproportionale Steigerungen der Grundstücks- und Baupreise, einen wichtigen Investitionsanreiz dar. Viele dieser Investoren haben also damit gerechnet, daß der aktuelle Marktpreis ihrer Immobilie immer weit über den "historischen" einmaligen Kosten (DIN 276) liegt.

Besonders in Regionen mit schwacher Wirtschaftsentwicklung, hoher Arbeitslosigkeit und daraus resultierender Bevölkerungsabwanderung wird jedoch eine andere Entwicklung beobachtet.

Der wachsende Markt für Gebrauchtimmobilien zeigt dort nämlich, daß auch die Immobilie, seit Jahrzehnten der Inbegriff für Sicherheit und ewige Rente, einem enormen Wertverlust unterliegen kann.

Die Ertragsseite der Immobilien wird somit mehr und mehr von Unsicherheiten geprägt. Dies hat zur Folge, daß für die Realkreditgeber nunmehr für die Beleihung als wichtigste Prüfungskriterien in erster Linie die Sicherheit und Nachhaltigkeit der Erträge im Vordergrund stehen.

Die Festlegung der Prüfungskriterien sind hierbei in erster Linie von der Art der Immobilie (Wohnungen, Gewerbe usw.) abhängig.

Damit wird nochmals verdeutlicht, daß bei Investitionen in Immobilien neben der Herstellungsperiode (Planungs- und Bauzeit) auch die Nutzungsperiode und evtl. die Liquidationsperiode und damit auch die Kosten dieser unterschiedlichen Perioden mit in die Gesamtbeurteilung einzubeziehen sind. [1]

1.1 Problemstellung und Zielsetzung

Nach Formulierung ihrer Bauidee erwarten Investoren Auskunft über die Höhe und Transparenz der einmaligen Kosten dieser Bauobjekte (Herstellungsperiode).

So haben u.a. eklatante "Fehlleistungen" auf diesem Sektor, ausgeführt von den beteiligten Institutionen wie Architekten, Bauunternehmer, Bauherren (insbesondere öffentliche Auftraggeber) und Behörden dazu beigetragen, daß die aufgetretenen Probleme in der Öffentlichkeit von Berufenen, aber auch von Unberufenen heftigst erörtert werden.

Insbesondere gravierende Kostenüberschreitungen, die sog. "Kostenexplosionen" von markanten Bauobjekten, stehen im Blickpunkt. Das bedeutet jedoch nicht, daß bis Ende der 60er Jahre keinerlei Kostenüberschreitungen zu verzeichnen gewesen sind.

Die privaten und öffentlichen Bauherren nahmen dies vielmehr, u.a. unter dem Gesichtspunkt der vollen Haushaltskassen, als normale, tägliche Erscheinung einfach hin. Es gab somit kaum Probleme, die "notleidenden" Bauobjekte entsprechend nachzufinanzieren.

Insbesondere die Veröffentlichungen vom Bund der Steuerzahler bringen u.a. diese gravierenden Fehlleistungen jetzt mehr und mehr ans Tageslicht. [2]

In den letzten Jahren gelangen aber auch bereits fertiggestellte Bauobjekte nochmals in die Schlagzeilen.

Für öffentliche Bauherren stellt sich nämlich immer häufiger das Problem, daß es ihnen zwar gelungen ist, unter Ausschöpfung sämtlicher Konjunktur- und Förderprogramme, Bauobjekte wie Stadthallen und Frei- und Hallenbäder zu errichten.

Bereits nach kurzer Nutzungszeit galt für einige dieser Bauherren das Stichwort "Finanzkollaps durch Folgekosten". Die Bauherren (Gemeinden) haben sich also Projekte "hinstellen lassen", ohne daran zu denken, die Höhe der Folgekosten zu kalkulieren.

---

[1]   vgl. hierzu: Pfarr, K.-H.: Grundlagen der Bauwirtschaft, Essen 1984, Bild 71, S. 157

[2]   Lau, D. u. Fried, U.: Auf Kosten der Steuerzahler - Das Ärgernis der öffentlichen Verschwendung, Bergisch Gladbach 1985

So mußten u.a. Schwimmhallen bereits geschlossen und Freibäder sogar ein-
geebnet werden.
Viele private Bauherren befanden sich in den letzten Jahren mit ihren Bauobjekten ebenfalls immer häufiger am Rande von Zwangsversteigerungen.

Verkürzt kann man formulieren, daß auch hier die Problematik der Folgekosten
von Investitionen nicht ausreichend beachtet worden ist. Im Gegensatz zum
Problem der öffentlichen Bauherren stellt sich hier das Problem, daß die Rahmenbedingungen des Kapitalmarktes (kurze Zinsfestschreibungszeiträume und
damit mögliche gravie-rende Steigerungen) dafür verantwortlich zeichnen, daß
die Bauherren die jährlichen Belastungen aus dem Kapitaldienst des Fremd-
kapitals nicht mehr tragen können.

Zielsetzung dieser Arbeit muß daher u.a. sein, auch zu nachfolgenden Fragestellungen Lösungsansätze zu liefern:

a) Welche Relationen dürfen die einzelnen Kostengruppen der einmaligen
    und laufenden Kosten für unterschiedliche Objektbereiche jeweils unter-
    einander haben ?

b) In welchem Verhältnis sind bei diesen Objektbereichen die laufenden
    Kosten zu den einmaligen Kosten zu berücksichtigen ?

c) Welche differenzierten Informationen benötigen die beteiligten Institu-
    tionen

    - Planer
    - Bauherren
    - Banken

    zur Klärung ihrer jeweils unterschiedlichen Fragestellungen ?

Zu Beginn dieser Arbeit seien einige Zitate aus einer Veröffentlichung von Pfarr
angeführt:
"Unter dem Eindruck der ständig steigenden Baukosten der 60er und 70er
Jahre kam es zu verstärkten Bemühungen von Wissenschaft und Praxis, die
Kostenermittlungsverfahren zu verfeinern. (...) Kostenprognosen sollten mit
Hilfe von Regressionsrechnungen erstellt werden. (...) Nachdem DIN-Aus-
schüsse und/oder die Forschung das Problem entdeckt hatten, stieg der Aufwand, das Kostengefüge von Bauten zu untersuchen, stark an. Es herrschte
eine euphorische Stimmung, die sich in einer Vielzahl von wissenschaftlichen
oder pseudowissenschaftlichen Studien niederschlug.

Die Kostenplanung wurde zu einer Spielwiese für Doktoranden. Es wurde zum Teil erforscht, was die Methodik hergab, nicht, was zur praktischen Handhabung einer kostenbewußten Bauplanung gebraucht wurde. (...) Die Kosten der Kostenrechnung hatte man aus dem Auge verloren. Man könnte in diesem Zusammenhang von einer "Krise der Baukostenmanagement-Informationen" sprechen, denn das Problem des richtigen Informiertseins des Bauherrn, seine Suche nach sachgerechten Informationen im Kostenbereich, die als Grundlage für seine unternehmerische Entscheidung, zu bauen oder dies zu unterlassen, hätten dienen können, sind dabei auf der Strecke geblieben." [3]

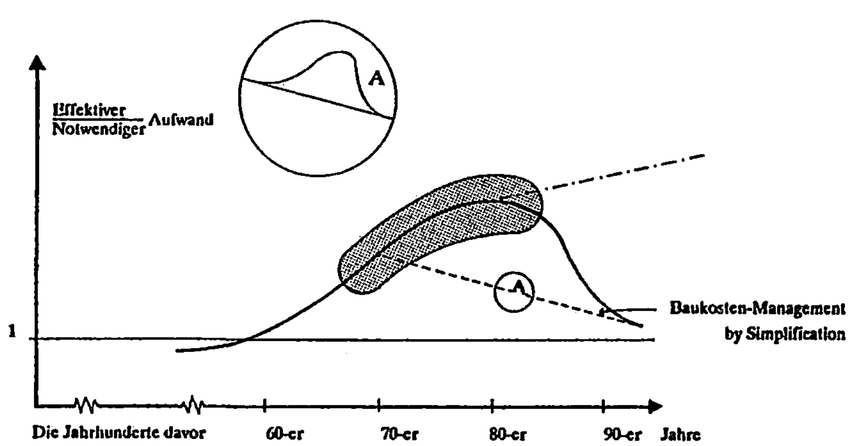

Abb. 1-1:   Der typische Verlauf der Bemühungen zur Gewinnung von Kostentransparenz [4]

Im Zusammenhang mit seinen Erläuterungen zur Erhöhung der Kostensicherheit schreibt Pfarr weiter:

---

[3]   Pfarr, K.-H.: Baumanagement im Lichte veränderter wirtschafts- und sozialpolitischer Rahmenbedingungen - dargestellt am Beispiel von Kostentransparenz und Kostenpolitik, in: Der Baubetriebsberater, Bauwirtschaft 1985, Heft 50, S. 1856 u. 1857

[4]   Pfarr, K.-H.: Baumanagement ..., a.a.O., S. 1856

"Wenn wir den effektiven zum notwendigen Aufwand (um Kostentransparenz zu erhalten) gleich 1 setzen und unterstellen, daß man in den Jahrhunderten davor etwas wenig getan hat (also unter 1 geblieben ist), dann ging diese Kurve in den 60-er Jahren über 1 weit hinaus. Nahezu alles wurde im Kostengefüge untersucht. (...) Sicher wäre es schon Anfang der 70er Jahre sinnvoll gewesen, zum "Baukostenmanagement by Symplification" zurückzukehren.
Das bedeutet nicht, daß für spezielle Belange (s. Punkt A der Abbildung) aus den verschiedensten Anlässen zusätzliche Untersuchungen, Studien u.s.w., notwendig gewesen wären, d.h. den Forschungsaufwand punktuell einmal aufzustocken." [5]

Bevor auf die Abgrenzung zu anderen Dissertationen und wissenschaftlichen Untersuchungen und damit zum wissenschaftlich neuen Ansatz dieser Arbeit eingegangen wird, soll eine wichtige Ausgangssituation bzw. Rahmenbedingung dargestellt werden.
Es handelt sich hierbei um die Fragestellungen:
Wieviele Stunden darf ein Architekt durchschnittlich für die Phasen 1 bis 3 (nach § 15 HOAI) [6]:

- Grundlagenermittlung
- Vorplanung
- Entwurfsplanung

jeweils für ein

- Einfamilienhaus	:	750 m³ BRI
- Mehrfamilienhaus	:	7.500 m³ BRI
- Verwaltungsgebäude	:	50.000 m³ BRI

verwenden ?

Für diese drei unterschiedlichen Objektbereiche können damit auf der Grundlage ausgewählter Kostenkennwerte (3.0 in DM/m³ BRI) nachfolgende Bauwerkskosten ermittelt werden.

---

[5]   Pfarr, K.-H.: Baumanagement ..., a.a.O., S. 1857

[6]   HOAI: Honorarordnung für Architekten und Ingenieure, in der ab 1.1.1985 gültigen Fassung unter Berücksichtigung der Zweiten Änderungsverordnung vom 10.6.1985 (BGBl. I S. 961) und der Dritten Änderungsverordnung vom 17.3.1988 (BGBl. I., S. 359)

Tab. 1-1:   Objektgrößen und Kosten der 3 Beispielobjekte

Objektbereich	Objektgröße (m³ BRI)	Kosten des Bauwerkes (3.0 in DM/m³ BRI)	Summe Kosten des Bauwerkes
1	2	3	4
Einfamilien- haus	750	300,-	225.000,- DM
Mehrfamilien- haus	7.500	400,-	3.000.000,- DM
Verwaltungs- gebäude	50.000	500,-	25.000.000,- DM

Geht man nun davon aus, daß der Architekt jeweils die Honorarzonen III, Mindestsatz, vereinbaren konnte, so läßt sich folgendes Ergebnis darstellen:

Tab. 1-2:   Ermittlung der Honorare und "Soll-Stunden" für ausgewählte Leistungsphasen

Objektbereich	Anrechenbare Kosten (ohne MwSt.) DM	Honorar (ohne MwSt.) DM Phasen 1-9	Honorar für die Teilleistung Kostenschätzung	"Soll-Stunden" für die Teilleistung Kostenschätzung
1	2	3	4	5
Einfamilien- haus	197.368,42	19.140,53	4.019,51	54
Mehrfamilien- haus	2.631.578,95	173.521,05	36.439,42	486
Verwaltungs- gebäude	21.929.824,56	1.281.105,26	269.032,10	3.587

Das Zahlenmaterial der Spalte 5 der Tabelle 1-2 ergibt sich, wenn man das Honorar der Phasen 1 bis 3 (Spalte 4) durch einen Stundensatz von 75,- DM dividiert.
Die Tabelle 1-2 zeigt hoffentlich recht deutlich, welchen "Aufwand" ein Architekt bei der Planung dieses Einfamilienhauses von 750 m^3 BRI bzw. 125 m^2 WFL überhaupt noch für die Kostenschätzung bzw. Kostenberechnung betreiben darf, damit für ihn am Jahresende ein positives betriebswirtschaftliches Ergebnis zu verzeichnen ist.
Wohlgemerkt: mit diesen 54 Stunden muß der komplette Vorentwurf und Entwurf erstellt werden (incl. Bauherrengespräche).

Aus dieser Problemstellung heraus läßt sich ein weiterer Ansatzpunkt dieser Arbeit definieren.
Es gilt nämlich, Grundlagen für ein praktikables Kostenermittlungsverfahren zu entwickeln, welches einerseits keine nichthonorierbare Steigerung des Aufwandes für den Architekten und andererseits eine Erhöhung der Kostensicherheit bedeutet.
Eine Vielzahl von Arbeiten mit ähnlichen Aufgabenstellungen hatten nämlich zum Inhalt, daß eine Vielzahl von Kosteneinflußgrößen für einen bestimmten Gebäudetyp auf der Grundlage eines mathematischen Modells analysiert und erklärt wurden.

Bereits an dieser Stelle möchte der Verfasser auf das notwendige Fundament (Grundlage) für die beiden Bausteine (**Kostentransparenz** und **kostenpolitische Überlegungen des Investors**) dieser Arbeit gezielt eingehen.
Würde sich die Themenstellung nur auf die Kostentransparenz beziehen, so wäre es möglich, jeweils den Einfluß unterschiedlicher DIN-Normen und Verordnungen auf die Struktur der Kosten des Bauwerkes darzustellen. Diese Untersuchungen werden in der Regel auf der Grundlage eines gewählten Gebäudemodells und nicht anhand ausgeführter Bauobjekte durchgeführt.

Als aktuelles Beispiel sei hierzu die Untersuchung über **Schallschutzkosten im Wohnungsbau** angeführt. [7]
Auf der Grundlage des Gebäudemodells **4-geschossiger Zweispänner** und eines eingegrenzten Handlungsspielraumes baukonstruktiver Maßnahmen

---

[7] Kandel, L. u.a. (Büro für Entscheidungsvorbereitung und Bauforschung): Schallschutzkosten im Wohnungsbau, Schriftenreihe "Bau- und Wohnforschung", Heft 04.119 des Bundesministeriums für Raumordnung, Bauwesen und Städtebau, Stuttgart 1987

wurden die kostenmäßigen Auswirkungen von drei verschieden hohen Schall-schutz-Anforderungsstufen untersucht, im einzelnen handelt es sich um

- die Mindestanforderungen nach DIN 4109 (Entwurf 1984),

- die Anforderungen für einen erhöhten Schallschutz nach DIN 4109 (Entwurf 1984) und

- die Anforderungen für einen sehr guten Schallschutz (technisch und finanziell realisierbar).

Innerhalb dieser Arbeit soll dagegen, ausgelöst durch die Themenstellung, ein völlig anderer Weg beschritten werden.
Es ist der Frage nachzugehen, ob aus dem Datenmaterial abgewickelter Bau-objekte genügend Erkenntnisse über Kostentransparenz, als Voraussetzung für kostenpolitische Überlegungen des Investors, gewonnen werden können.

1.2 Definitionen und Begriffe

Zu Beginn wird es erforderlich, für die anstehende Analyse den Kostenbegriff aus der Betriebswirtschaftslehre heraus zu definieren.
So formuliert Gutenberg:
"Multipliziert man die Faktoreinsatzmengen mit ihren Preisen, so erhält man die Kosten des Faktoreinsatzes. Der Kostenbegriff ist zu eng, weil zu den Kosten auch Zinsen, Steuern, Versicherungen, Gebühren und anderes rechnen. (...) Angesichts dieser Sachlage müßte man die Kosten genauer definieren als in Geld veranschlagte (bewertete) Sachgüter, Arbeitsleistungen, Dienstleistungen und öffentliche Abgaben, sofern sie zur betrieblichen Leistungserstellung benötigt werden." [8]

Das Wesen der Kosten wird von nachfolgenden Faktoren bestimmt:

- Verzehrcharakter
- Leistungsbezogenheit
- Bewertung [9]

---

[8] Gutenberg, E.: Grundlagen der Betriebswirtschaftslehre, Bd.1: Die Produktion, 13. Aufl., Berlin - Heidelberg - New York 1967, S. 228

[9] vgl. Pfarr, K.-H.: Handbuch der kostenbewußten Bauplanung, Wuppertal 1976, S. 30

"Dabei umfassen die Kosten aber nicht nur jenen Verzehr, der durch die tatsächlich erstellte Leistung hervorgerufen wird, sondern auch den Verzehr, der im Betrieb entsteht, weil er z.B. nicht genutzte Produktionsfaktoren zum Einsatz bereit hält und diese nicht voll auslasten kann, (...). Ein ähnliches Beispiel wären die bezugsfertigen, aber noch nicht vermieteten Wohn- und Büroräume." [10]

"Der Zusammenhang - und damit auch gleichzeitig die Abgrenzung - zwischen Preisen und Kosten kann durch eine Betrachtungsweise anschaulich gemacht werden, wo wir von den am Wirtschaftsablauf beteiligten Institutionen ausgehen: Verkaufspreise einer im Wirtschaftsablauf vorgelagerten wirtschaftlichen Einheit oder Institution werden z.B. als Einkaufspreis zu Kostenbestandteilen einer nachgelagerten wirtschaftlichen Einheit." [11]

Dieser Sachverhalt sei im Zusammenhang mit dem " Werdegang" der Bauleistungen näher erläutert. Aus den "Kosten der Bauleistungen" für den bauausführenden Betrieb werden die Verkaufs- oder Absatzpreise. Diese stellen dann für den Bauherrn die Einkaufs- oder Beschaffungspreise der Bauleistungen dar (also Kosten auf der Beschaffungsseite).

Während der **Planungs-** und **Realisierungsphase** entstehen dem Bauherrn die sog. "einmaligen" Kosten.
Als Berechnungsvorschrift zur Ermittlung der einmaligen Kosten findet seit über 50 Jahren die DIN 276 Berücksichtigung.

"Kosten sind Aufwendungen für Güter, Leistungen und Abgaben einschließlich Umsatzsteuer, die für die Planung und Errichtung von Hochbauten erforderlich sind." [12]
Nach Fertigstellung des Bauobjektes entstehen dem Bauherrn im Rahmen der **Nutzungsphase** die sog. "laufenden" Kosten.

Als Berechnungsvorschrift zur Ermittlung der laufenden Kosten findet seit 1976 die DIN 18960 Berücksichtigung; seit diesem Zeitpunkt ist die "Vorschrift" zur Ermittlung der laufenden Kosten erstmals in einer DIN-Norm verankert.

---

[10] Ders., S. 30

[11] Pfarr, K.-H.: Grundlagen der Bauwirtschaft, Essen 1984, S. 52

[12] Deutsches Institut für Normung e.V.: Kosten von Hochbauten, DIN 276, Teil 1 (Begriffe), Ausgabe April 1981, S. 1

"Baunutzungskosten sind alle bei Gebäuden, den dazugehörenden baulichen Anlagen und deren Grundstücken unmittelbar entstehenden regelmäßig oder unregelmäßig wiederkehrenden Kosten vom Beginn der Nutzbarkeit des Gebäudes bis zu seiner Beseitigung." [13]

Wie kann nun der Begriff **Transparenz** im Zusammenhang mit **Kosten** für diese bauwirtschaftliche Themenstellung eingegrenzt werden ?

"Transparenz, die (....) 1. das Durchscheinen; Durchsichtigkeit, (...)" [14]
Unter Kostentransparenz kann man somit die Durchsichtigkeit des bewerteten Mengengerüstes verstehen, mit dem sowohl der Investor als auch der Planer die Immobilie untersuchen kann, um auf dieser Grundlage zwischen einmaligen und laufenden Aufwendungen wirtschaftliche Lösungen abzulesen.

Demgegenüber verstehen wir unter Immobilie:

"Immobilie (...) = unbewegliches Gut: Grundstück, Gebäude, Liegenschaft; (...)" [15]

Nachdem unter **Politik** allgemein ein zielgerichtetes Vorgehen verstanden wird oder auch die Gesamtheit von Bestrebungen mit einer bestimmten Aufgaben- stellung, kann man damit unter **Immobilienpolitik** alle zielgerichteten Maß- nahmen verstehen, die zur Planung, Realisierung und ökonomischen Nutzung bzw. Verwertung einer Immobilie erforderlich sind.

Diese Darstellung des begrifflichen Instrumentariums sei an dieser Stelle zunächst als ausreichend zu betrachten; falls erforderlich, wird im Rahmen der weiteren Bearbeitung erneut auf diese Begriffe eingegangen.
Die Durchsichtigkeit des Kostenbegriffes und das zielgerichtete Vorgehen im Zusammenhang mit Gebäuden soll Aufgabenstellung innerhalb dieser Arbeit sein.

---

[13] Deutsches Institut für Normung e.V.: Baunutzungskosten von Hoch- bauten, DIN 18960, Teil 1, Ausgabe April 1976, S. 1

[14] Duden, Das große Wörterbuch der deutschen Sprache, Band 6, Mannheim - Wien - Zürich, 1981, S. 2616

[15] Duden, Das große Wörterbuch der deutschen Sprache, Band 3, Mannheim - Wien - Zürich, 1977, S. 1320

1.3 Abgrenzung der Thematik und Aufbau der Arbeit

Die Problematik einer Kostenpolitik, aufbauend auf einer differenzierten Kosten-transparenz, kann im Rahmen dieser Arbeit nicht für alle Objektbereiche ange-sprochen werden. Vielmehr sollen die Untersuchungen anhand zweier Objekt-bereiche erfolgen.

Die Statistik über genehmigte Gebäude im Jahre 1985 weist für **Wohngebäude** und **Nichtwohngebäude** zusammen ein Bauvolumen von ca. 253 Millionen m^3 BRI auf, wobei auf

- Wohngebäude   125.075.000 m^3 BRI
   und
- Nichtwohngebäude   128.040.000 m^3 BRI

entfallen. [16]

Daraus ist zu entnehmen, daß auch im Jahre 1985 noch knapp 50 Prozent des genehmigten Bauvolumens auf den Bereich **Wohngebäude** entfallen.

Bei den Nichtwohngebäuden zeigt sich, daß die Gebäudeart **Büro- und Ver-waltungsgebäude** mit 13.303.000 m^3 BRI (10,4 % Anteil an den gesamten Nichtwohngebäuden) gegenüber dem Jahre 1984 einen Zuwachs von 10,6 % aufweist.

Betrachtet man anschließend die "Veranschlagten Kosten des Bauwerkes" für Büro- und Verwaltungsgebäude mit 5.171 Mill. DM (ca. 21 % Anteil an den gesamten Nichtwohngebäuden), so zeigt es sich, daß dieser Objektbereich als bedeutender Komplex der Nichtwohngebäude gilt.

Im Zusammenhang mit der ersten Eingrenzung der Thematik auf den Objekt-bereich **Büro- und Verwaltungsbauten** muß nochmals darauf eingegangen werden, warum innerhalb dieser Arbeit nicht ein Gebäudemodell sondern das Datenmaterial **gebauter Substanz** analysiert werden soll.

Als Grundlage dient hierfür ein Bestand von 281 in den Jahren 1967 bis 1984 abgewickelter Bauvorhaben öffentlicher und privater Verwaltungsbauten. [17]

---

[16] vgl. Dubral, C., Schmid, O.: Zur Entwicklung der Bauwirtschaft und Bau-tätigkeit 1985 in: Wirtschaft und Statistik, 4/1986, Tabelle 3, S. 278

[17] Quelle: Objektdatei zum Objektbereich Verwaltungsbauten, Lehreinheit Bauwirtschaft und Baubetrieb (Prof. Dr. Karlheinz Pfarr)

Dieser Zeitraum von 18 Jahren ermöglicht somit auch Aussagen zur langfristigen Entwicklung ausgewählter Sachverhalte.
Die große Anzahl von Bauobjekten stellt hoffentlich sicher, daß sich bestimmte Erkenntnisse verdichten.
Andererseits besteht die Gefahr, daß der für die Analyse dieses umfangreichen Datenmaterials (Kostenfeststellungen, Kurz-Baubeschreibungen und z.T. Planunterlagen) notwendige Aufwand den Blick für das Wesentliche kaum noch ermöglicht.
Außerdem muß beachtet werden, daß in Abhängigkeit von den kostenpolitischen Überlegungen des Investors ein bestimmter Detaillierungsgrad der Analyse notwendig wird.

Auf der Grundlage der oben definierten Problemstellung und Zielsetzung erfolgt in knapper Form eine Darstellung über Methodik und Vorgehensweise der Bearbeitung der gewählten Themenstellung.
Im 2. Kapitel wird eine historische Entwicklung der Ermittlung der einmaligen und laufenden Kosten bis zum heutigen Stand dargestellt.
Eine erfolgreiche Kostenpolitik erfordert Kenntnisse über die Struktur der einmaligen und laufenden Kosten. Diese Grundlagen sind im 3. Kapitel zu erarbeiten.

Damit soll klargestellt werden, welche Informationen der Investor in den Phasen

- (Projektdefinition)

- Vorplanung und

- Entwurfsplanung

hinsichtlich einmaliger und laufender Kosten benötigt.
Außerdem ist in diesem Kapitel darzustellen, welche differenzierte Gliederungstiefe der einzelnen Kostenarten für die genannten Objektbereiche (mit unterschiedlichem Komplexitätsgrad) erforderlich ist.

Hauptziel dieser Arbeit stellen die Aussagen zur Kostenpolitik der Investoren in den genannten Objektbereichen

- Büro- und Verwaltungsbauten
  und
- Ein-, Zwei- und Mehrfamilienhäuser

dar.

Diese Grundlagen werden im 4. Kapitel erarbeitet.
Daneben ist darzustellen, welchen Einfluß die Preispolitik der ausführenden Firmen und die Honorarpolitik der beteiligten Architekten und Ingenieure auf die Kostenpolitik des Investors ausübt.
Anschließend werden im 5. Kapitel die wichtigsten Ergebnisse dieser Arbeit zusammengefaßt.

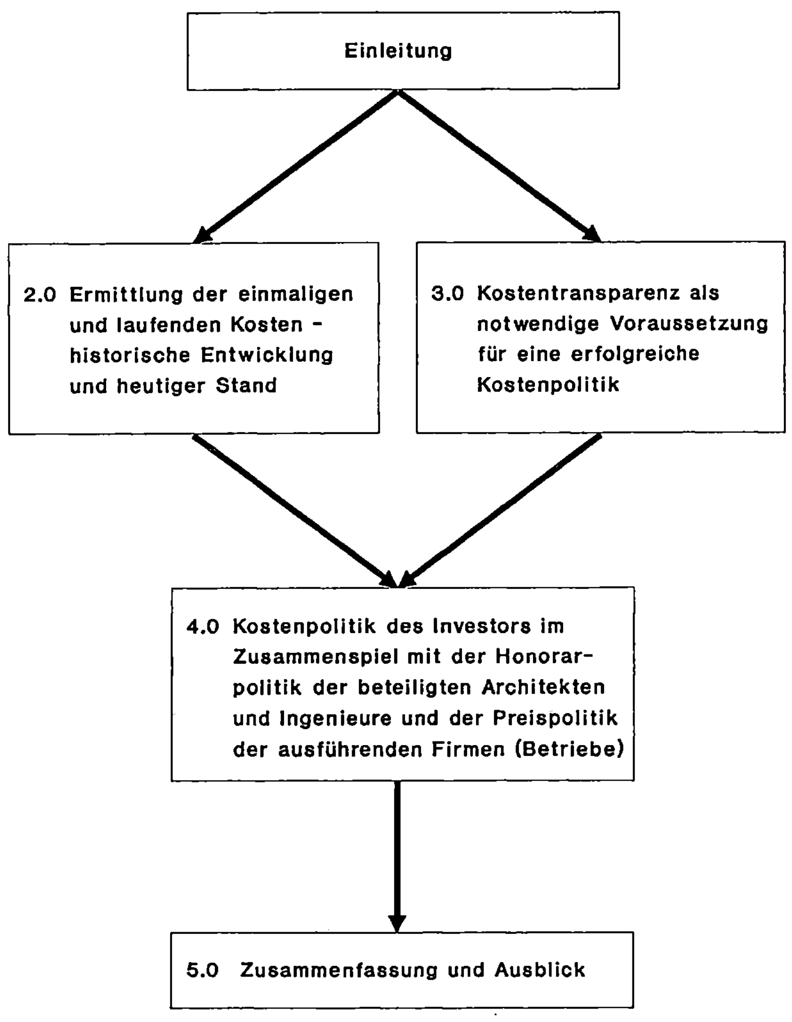

Abb. 1-2: Systemskizze vom Aufbau der Arbeit

2 Ermittlung der einmaligen und laufenden Kosten - historische Entwicklung und heutiger Stand

Bauherren, die in den Objektbereichen

- Verwaltungsbauten (Bürobauten)
  und
- Wohnungsbau (Ein-, Zwei- und Mehrfamilienhäuser)

investieren, benötigen im Zusammenhang mit ihrer Kostenpolitik von den planenden Institutionen (Architekt und Fachingenieure) je nach Planungsstand differenzierte Aussagen zu den

- einmaligen Kosten
  und
- laufenden Kosten.

Daher betrachte ich es als Ziel dieses Abschnittes, folgendes herauszuarbeiten:

a) Welche Informationen (z.B. Genauigkeitsgrad) kann der Bauherr überhaupt vom Architekten hinsichtlich einmaliger Kosten (DIN 276) aufgrund der Leistungsbilder der Architekten und unter Beachtung der maßgebenden Normen zur Berechnung dieser Kosten erwarten?

b) Auf der Basis welcher Vorschriften und Normen sind von welchen Institutionen "laufende" Kosten dieser ausgewählten Objektbereiche zu ermitteln?

c) Wie haben sich die "Ansprüche" an die unter Punkt a) und b) aufgeführten Informationen im Laufe der Jahre geändert?

Die Zielsetzung dieser Arbeit, neue Ansätze zur Erhöhung der Kostensicherheit in den Phasen der Vor- und Entwurfsplanung zu erarbeiten, wird um die Darstellung der geschichtlichen Verankerung in Normen und Verordnungen erweitert.
Da es sich hierbei z.T. um schwer zugängliches Material handelt, hat sich der Verfasser entschlossen, wichtige Textpassagen komplett zu übernehmen. [18]

---

[18] Da diese Textpassagen möglicherweise die "Lesbarkeit" dieser Arbeit beeinflussen, wird hierfür ein kleinerer Schrifttyp gewählt.

Auf der Grundlage dieser gesamten "Bestandsaufnahme" sind dann im Kapitel 3.3 Ansatzpunkte zur Verbesserung der Kostentransparenz zu formulieren.

2.1 Ermittlung der einmaligen Kosten

Zu Beginn dieses Kapitels seien einige wichtige Anmerkungen zur Ermittlung der einmaligen Kosten in Verbindung mit den Leistungsbildern der Architekten dargestellt.

Im Jahre 1868 wurde auf der XV. Versammlung deutscher Architekten und Ingenieure die sog. "Hamburger Norm" in ihren Grundzügen festgelegt. Diese Norm wurde dann im Jahre 1869 veröffentlicht.

Im Jahre 1871 übernahm der Verband deutscher Architekten- und Ingenieurvereine die Norm in unveränderter Fassung. Es begann hiermit die Geschichte der deutschen Honorarordnungen mit der "Norm zur Berechnung des Honorars für architektonische Arbeiten" bis hin zur heutigen HOAI in der Fassung aus dem Jahre 1988.

Parallel dazu findet man aber auch in der einschlägigen Kostenliteratur interessante Ausführungen.

So erschienen 1898 die "Kosten-Berechnungen für Hochbauten" von C. Schwatlo bereits in der 10. Auflage. Im II. Abschnitt führt er über Veranschlagungen folgendes an:

"Je nachdem der Wert eines Bauwerks nur überschläglich oder genau vor oder nach der Ausführung ermittelt werden soll, unterscheidet man den **Kosten-Überschlag**, den **Kosten-Anschlag**, den **Prüfungs-Anschlag**, und endlich den **Wert-Anschlag** oder die **Taxe**." [19]

Zum Kosten-Überschlag wird unter anderem angeführt:

"a) Der Kosten-Überschlag hat den Zweck, auf Grund eines skizzenhaften Entwurfs durch eine auf Schätzung beruhende Berechnung die ungefähren Baukosten zu ermitteln. (...) Ein genaueres Ergebnis liefert die überschlägliche Berechnung nach Kostensätzen für die Flächeneinheit der einzelnen Geschosse oder nach Kubikmetern des Bauwerks. (...)

Soll der Kosten-Überschlag genauer aufgestellt werden, so ist eine ungefähre Ermittelung der Massen erforderlich, deren Kosten nach Arbeitslohn einschl.

---

[19] Schwatlo, C.: Kosten-Berechnungen für Hochbauten, 10. Auflage, Leipzig 1898, S. 64

Material zu berechnen sind, z. B. Balkenlagen für das Quadratmeter Decke einschl. Balkenholz, Stakung und Dielung nebst Anstrich u. s. w.

An Zeichnungen können einem derartigen Überschlage ein Lageplan und die erforderlichen Skizzen beigegeben werden, aus welchen die Hauptmasze der Gebäudeteile zu entnehmen sind.

Ausserdem empfiehlt es sich, zur besseren Beurteilung der Baukosten eine Beschreibung bezw. einen Erläuterungsbericht über die beabsichtigte Herstellungsweise sowohl der äusseren Gestaltung, als auch des inneren Ausbaues den Entwurfsstücken beizufügen." [20]

Im IX. Abschnitt führt er im Kapitel "Abschätzung vorhandener Gebäude und überschlägliche Kostenermittelung von Bauentwürfen" folgendes an:

"Die Wertschätzung eines Gebäudes kann durch eine besondere Anschlagsberechnung vorgenommen werden; gewöhnlich aber geschieht dieselbe durch überschlägliche Ermittelungen. Dieselben werden entweder auf Grund des erfahrungsmässig ermittelten Preises für das **Quadratmeter** bebauter Grundfläche, je nach der verschiedenen Anlage der Gebäude, oder auf Grund des zu ermittelnden **Kubikraumes** des betr. Gebäudes bezw. eines Einheitssatzes für das Kubikmeter aufgestellt. Beide Berechnungsarten werden auch zur überschläglichen Kostenermittelung von Bauentwürfen zu Grunde gelegt." [21]

Für Wohn- und öffentliche Gebäude sind in diesem Zusammenhang zwei Tabellen aufgeführt, die für vier differenzierte Gebäudeklassen jeweils den Preis pro Quadratmeter bzw. Kubikmeter ausweisen.

Die vier Gebäudeklassen unterscheiden sich nicht nur durch die "von-bis-Spannen" bei den Geschoßhöhen, sondern weisen ebenfalls eine Steigerung des Standards im Rohbau und besonders im Ausbau (mit zunehmender Geschoßhöhe) auf. [22]

---

[20] Schwatlo, C.: a.a.O., S. 64

[21] Schwatlo, C.: a.a.O., S. 795

[22] Der Anlage 1 im Anhang können die vier differenzierten Baubeschreibungen entnommen werden.

Tabelle 2-1: Quadratmeterpreise für Wohngebäude [23]

Bezeich-nung der Gebäude-klassen	Geschoss-höhe	Anzahl der Geschosse					
		1	2	3	4	5	6
		Preise für das Quadratmeter					
	von bis m	von bis M.	von bis M.	von bis M.	von bis M.	von bis M.	von bis M.
I	2,50 - 3,00	70 - 100	105 - 150	140 - 190	180 - 220	210 - 270	240 - 320
II	2,75 - 3,50	90 - 130	120 - 180	170 - 230	210 - 290	250 - 350	290 - 400
III	3,00 - 4,00	110 - 150	150 - 220	200 - 300	270 - 350	300 - 400	340 - 450
IV	3,75 - 4,50	160 - 200	240 - 300	330 - 420	420 - 500	-	-

Im Zusammenhang mit der "Berechnung nach Kubikmetern des umbauten Raumes" stellt Schwatlo weiter fest:

"Nach den neueren Erfahrungen ergiebt die überschlägliche Kostenermittelung nach Kubikmetern für diejenigen Fälle genauere Ansätze, wenn eine grössere Anzahl von ermittelten Preisen ähnlicher Bauten vorliegt, auf Grund deren man die Kostenbeträge für die Einheit aufstellen kann." [24]

Tabelle 2-2: Kubikmeterpreise für Wohn- und öffentliche Gebäude [25]

Bezeich-nung der Gebäude-klassen	Geschoss-höhe	Anzahl der Geschosse					
		1	2	3	4	5	6
		Preise für das Kubikmeter					
	von bis m	von bis M.	von bis M.	von bis M.	von bis M.	von bis M.	von bis M.
I	2,50 - 3,00	15 - 20	15 - 20	14 - 18	14 - 17	13 - 17	13 - 17
II	2,75 - 3,50	16 - 22	15 - 21	14- 19	14 - 19	14 - 19	14 - 19
III	3,00 - 4,00	17 - 23	15 - 23	15 - 22	15 - 22	14 - 22	14 - 21
IV	3,75 - 4,50	20 - 25	20 - 25	20 - 26	21 - 26	-	-

---

[23] Schwatlo, C.: a.a.O., S. 797

[24] Schwatlo, C.: a.a.O., S. 797

[25] Schwatlo, C.: a.a.O., S.798

Zu einer echten Normung aller Sachverhalte zur Problematik der Entwicklung der einmaligen Kosten ist es jedoch erst Jahrzehnte später gekommen.

"Der 'umbaute Raum' und der Preis für die Einheit (cbm) dieses Raumes sind zur Zeit noch keine fest umrissenen, eindeutigen und im ganzen Deutschen Reiche nach einheitlichen Regeln bestimmte Größen. (...) Als Ergebnis jahrelanger eingehender Studien, mühevoller und unverdrossener Arbeit und schwierigster Verhandlungen, die mehr als einmal zu versanden drohten, liegen nunmehr zwei Normblätter (DIN 276 und DIN 277) und ein Beiblatt zu ihnen vor." [26]

Diese beiden, im Jahre 1934 erstmals vorgestellten Normen:

a)   DIN 276:   Kosten von Hochbauten und damit zusammenhängenden Leistungen

b)   DIN 277: Umbauter Raum von Hochbauten

bilden seither die Grundlage für die Ermittlung der einmaligen Kosten von Hochbauten.

In der praktischen Anwendung traten, u.a. auch durch die veränderten Rahmenbedingungen in der Bauwirtschaft hervorgerufen, schon bald Probleme auf (z.B. größerer Komplexitätsgrad der Bauobjekte).

So mußten beide Normen bereits in den Jahren 1943, 1954, 1971 und 1981 novelliert werden.

Es würde den Rahmen dieser Arbeit sprengen, müßten bis ins kleinste Detail hin alle Abweichungen zu den jeweiligen "älteren" Normen dargestellt werden.

An dieser Stelle sollen deshalb, auch im Hinblick auf die Zielsetzung, nur markante Veränderungen zu den Problembereichen

- Kostengliederung und
- Arten der Kostenermittlung (incl. Einordnung in das Leistungsbild des Architekten)

dargestellt werden.

---

[26]   Kramer, O.: Die Normung der Berechnung des umbauten Raumes und die Veranschlagung von Hochbauten, in: Deutsche Bauzeitung, Heft 37 vom 12.09.1934, S. 713

2.1.1 Gliederung der einmaligen Kosten

Bereits vor über 50 Jahren traten Unsicherheiten auf, welche "Aufwendungen" überhaupt den Kosten eines "Baues" zuzurechnen sind. Diese Unklarheiten wurden mit der Schaffung der ersten Kostengliederung der DIN 276 im Jahre 1934 beseitigt.

Unter Punkt II. Kostengliederung wurde nämlich formuliert:

"Die Kosten von Hochbauten und damit zusammenhängenden Leistungen gliedern sich in Aufwendungen für

A. Erwerb des Baugrundstückes,

B. Erschließung (Baureifmachung) des Baugrundstückes,

C. Bauten und Außenanlagen,

D. Besondere Betriebseinrichtungen,

E. Gerät,

F. Planung, Bauleitung und Bauführung,

G. Polizeiliche Prüfung und Genehmigung,

H. Beschaffung und Verzinsung der Mittel zum Grunderwerb und zur Bauausführung."[27]

Im Zuge der Novellierung der DIN 276 im Jahre 1943 erfolgte auch eine Umstrukturierung dieser o.a. acht Kostengruppen in nachfolgende Gliederungssystematik:

"A. Kosten des Baugrundstückes

    I. Kosten des Erwerbes des Baugrundstückes,

    II. Kosten der Erschließung (Baureifmachung) des Baugrundstückes.

B. Kosten der Bauten

    I. Kosten der Gebäude,

    II. Kosten der Außenanlagen,

    III. Baunebenkosten.

C. Kosten der besonderen Betriebseinrichtungen

D. Kosten des Gerätes und sonstiger Wirtschaftsausstattungen."[28]

Die Novellierung im Jahre 1954 führte als Oberbegriff erstmals "Kostenarten" auf. Außerdem sprach man von den "Gesamtkosten" (Gesamtherstellungskosten) von Hochbauten mit nachfolgender Untergliederung:

---

[27] DIN 276, Fassung 1934, S. 1

[28] DIN 276, Fassung 1943, S. 1

"1. Kosten des Baugrundstückes
      1.1   Wert des Baugrundstückes
      1.2   Erwerbskosten
      1.3   Erschließungskosten

2.   Baukosten
      2.1   Kosten der Gebäude (reine Baukosten)
      2.2   Kosten der Außenanlagen
      2.3   Baunebenkosten
      2.4   Kosten der besonderen Betriebseinrichtungen
      2.5   Kosten des Gerätes und sonstiger Wirtschaftsausstattungen." [29]

Diese Gliederungssystematik wurde dann für alle öffentlich geförderten Wohnungsbauten bindend und fand ihren Niederschlag im Paragraphen 5 der II. BV. [30]

Bei Kostenanalysen von Wohnungsbau-Demonstrativbauvorhaben des Bundes, aber auch bei Wettbewerben wie "Auszeichnung preiswerter Mehrfamilienhäuser und Eigentumswohnungen" findet diese Systematik noch heute Berücksichtigung. [31]

Die Gliederungssystematik der DIN 276 aus dem Jahre 1971 weist dann erstmals die Untergliederung der einmaligen Kosten in nachfolgende sieben Kostengruppen auf:

1.0   Kosten des Baugrundstückes
2.0   Kosten der Erschließung
3.0   Kosten des Bauwerkes
4.0   Kosten des Gerätes
5.0   Kosten der Außenanlagen
6.0   Kosten für zusätzliche Maßnahmen
7.0   Baunebenkosten.

Jede dieser sieben Kostengruppen konnte noch entsprechend detailliert untergliedert werden.

Für die weitere Betrachtung sei an dieser Stelle nur die Untergliederung der Kostengruppe 3.0 (Kosten des Bauwerkes) in:

---

[29] DIN 276, Fassung 1954, S. 1

[30] Verordnung über wohnungswirtschaftliche Berechnungen
      (Zweite Berechnungsverordnung - II. BV)

[31] siehe hierzu weitere Aussagen im Kapitel 3.2 und 4.3

3.1   Baukonstruktionen
3.2   Installationen
3.3   Zentrale Betriebstechnik
3.4   Betriebliche Einbauten
3.5   Besondere Bauausführungen

aufgeführt.

Im Rahmen aller Veränderungen der Kostengliederungsstruktur stand immer die Verbesserung der "Kostenplanung" im Vordergrund. Die jeweiligen Kostengliederungen hatten u.a. die Zielsetzung, die entstandenen Kosten so zu dokumentieren, daß sie ggf. als vergleichbar und für neu zu erstellende Kostenermittlungen benutzt werden können.
Insbesondere die weitere Untergliederung der Kostengruppe 3.1 (Baukonstruktionen) in der Fassung aus dem Jahre 1971 in:

3.1.1   Gründung
3.1.2   Geschosse im Erdreich
3.1.3   Geschosse über Erdreich
3.1.4   Dachgeschoß

erfüllte nicht bei allen Anwendern die an eine transparente Gliederungssystematik gestellten Anforderungen.
Vielmehr wurde seitens der Architekten eine Untergliederung der "Baukonstruktionen" in **Rohbau** und **Ausbau** vorgenommen. Dieser Anwendungspraxis wurde dann auch bei der Novellierung der DIN 276 im Jahre 1981 Rechnung getragen.
Seither sind die Kosten der Baukonstruktionen in:

3.1.1   Gründung
3.1.2   Tragkonstruktionen
3.1.3   Nichttragende Konstruktionen
3.1.9   Sonstige Baukonstruktionen

zu untergliedern.

2.1.2 Darstellung der unterschiedlichen Kostenermittlungsverfahren

Bereits in den ersten Fassungen der Gebühren- und Honorarordnungen waren unterschiedliche Kostenermittlungsverfahren jeweils in die Leistungsbilder der Architekten integriert.

Als historischer Rückblick der unterschiedlichen Kostenermittlungsverfahren seit dem Jahre 1868 bis zum Ausgangspunkt der DIN 276 im Jahre 1934 sei auf die Ausführungen zum Werk von Schwatlo "Kosten-Berechnungen für Hochbauten" verwiesen. Zu den einzelnen Kostenermittlungsverfahren war in der DIN 276 (Ausgabe 1934) formuliert:

"Die Kosten von Hochbauten und damit zusammenhängenden Leistungen können ermittelt werden durch

A.   Kostenvoranschlag
     oder
B.   Kostenanschlag

A.   **Kostenvoranschlag**

  1.   Der Kostenvoranschlag dient zur angenäherten Ermittelung der Kosten aufgrund eines **Vorentwurfes.**

  2.   Im Kostenvoranschlage sind die Kosten der Bauten zu berechnen durch Vervielfältigung ihres nach Normblatt DIN 277 unter IA und B ermittelten umbauten Raumes mit einem einer statistischen Zusammenstellung entnommenen oder ortsüblichen Preis für 1 m^3.
       (...)

B.   **Kostenanschlag**

  1.   Der Kostenanschlag dient zur genauen Ermittelung der Kosten aufgrund eines **Bauentwurfes.**

  2.   Im Kostenanschlage sind die Kosten nach den einzeln Leistungen zu berechnen." [32]

Zusammenfassend kann also zum Stand der ersten Fassung der DIN 276 im Jahre 1934 formuliert werden:

o   für die Bauaufgaben der damaligen Zeit wurden zwei unterschiedliche Kostenermittlungsverfahren auf der Basis eines

  -   **Vorentwurfes**
      und eines
  -   **Bauentwurfes**

      als ausreichend betrachtet.

In der Fassung der DIN 276 aus dem Jahre 1943 kann man eine Präzisierung zum Kostenanschlag erkennen.

---

[32]   DIN 276, Fassung 1934, S. 1

"Im Kostenanschlag sind die Kosten nach den einzelnen Leistungen (VOB, DIN 1962
bis 1983) zu berechnen." [33]

Im Rahmen der Novellierung der DIN 276 im Jahre 1954 traten dann zu den bereits
bestehenden Verfahren:

- Kostenvoranschlag
  und
- Kostenanschlag

noch die sog.
- Schlußrechnung
  und
- Nachrichtliche Angaben für Prüfung und Vergleich

hinzu. [34]

Man kann jedoch diese beiden weiteren Verfahren nicht als originäre Kostenermittlungen betrachten. Vielmehr handelt es sich hierbei um die Zusammenstellung, Analyse und Dokumentation der Daten der fertiggestellten Bauvorhaben.
Eine Überprüfung der GOA 50 hinsichtlich "Einbettung" dieser Kostenermittlungen in das Leistungsbild des Architekten zeigt jedoch Abweichungen.
Das Leistungsbild GOA 50 (§ 19) fordert von Architekten vielmehr:

- die sog. Kostenschätzung (Vorentwurf)
- Massen- und Kostenberechnung
  sowie im Rahmen der technischen und geschäftlichen Oberleitung
- die Festlegung der endgültigen Höhe der Herstellungskosten. [35]

Seit Veröffentlichung der novellierten Fassung der DIN 276 (Blatt 3) aus dem
Jahre 1971 werden erstmals die vier Kostenermittlungen:

- Kostenschätzung
- Kostenberechnung
- Kostenanschlag
- Kostenfeststellung

genannt.

---

[33] DIN 276, Fassung 1943, S. 1

[34] vgl. hierzu: DIN 276, Fassung März 1954, S. 3

[35] GOA 50 in: Roth/Gaber: Kommentar zum Vertragsrecht und zur
      Gebührenordnung für Architekten, Berlin 1957

Eine gezielte Verankerung dieser differenzierten Kostenermittlungen in das Leistungsbild der GOA fand nicht mehr statt.
Erst mit dem Inkrafttreten der HOAI im Jahre 1977 sind diese Kostenermittlungen in das Leistungsbild (§ 15) des Architekten eingegliedert worden.
Im Rahmen des Grundleistungskataloges sind seither bei jeder Hochbauaufgabe in der:

- Phase 2   (Vorplanung)   eine   **Kostenschätzung**
- Phase 3   (Entwurfsplanung)   eine   **Kostenberechnung**
- Phase 7   (Mitwirkung bei der Vergabe)   ein   **Kostenanschlag**
- Phase 8   (Objektüberwachung)   eine   **Kostenfeststellung**

aufzustellen.

"Art, Umfang und Genauigkeit der Kostenermittlungen sind abhängig vom jeweiligen Stand der Planung, von den verfügbaren Angaben und Erfahrungswerten sowie - im Falle der Kostenfeststellung - von den Abrechnungsunterlagen." [36]

Die Einbettung der differenzierten Kostenermittlungen in die HOAI bereitet jedoch weiterhin große Schwierigkeiten.
Gemäß §10 Abs.2 HOAI (Grundlagen des Honorars) wird nämlich vom Architekten folgendes erwartet:

"(2) Anrechenbare Kosten sind unter Zugrundelegung der Kostenermittlungsarten nach DIN 276 in der Fassung vom September 1971 (DIN 276) zu ermitteln." [37]

Daraus ergab sich die Unsicherheit, ob im Zusammenhang mit der Vorlage einer **prüffähigen Honorarrechnung** die **anrechenbaren Kosten** auf der Basis der DIN 276 in der Fassung aus dem Jahre 1971 oder 1981 ermittelt werden müssen.
Diese Unsicherheit wird durch den Meinungsstreit der beiden führenden HOAI-Kommentare "Hesse/Korbion/Mantscheff" [38] und "Locher/Koeble/ Frik" [39] eher noch gesteigert.

---

[36]   vgl. Deutsches Institut für Normung e.V.: Kosten von Hochbauten, DIN 276 Teil 3 (Kostenermittlungen), Ausgabe April 1981

[37]   Novellierte Fassung der HOAI: Stand Juni 1985 (BGBl. I, S. 961)

[38]   Hesse/Korbion/Mantscheff: HOAI, Kommentar, 2. Auflage, München 1983

"Ausgangspunkt für die Festlegung der anrechenbaren Kosten ist die Zugrundelegung des in der **DIN 276** (Fassung September 1971) geregelten Kostenermittlungsverfahrens. (...) Wesentlich ist, daß Abs. 2 nicht nur die DIN 276 als solche, sondern in der **Fassung** von **September 1971** für **maßgebend** erklärt. Daraus folgt, daß eine etwaige Änderung der DIN 276 allein noch nicht bewirkt, daß dann ihre Neufassung für die Gebührenberechnung gemäß Abs. 2 ff. anzuwenden ist; vielmehr würde es dazu noch der **Änderung des Verordnungstextes** selbst bedürfen. (...) Bei der DIN 276 handelt es sich indes nicht um ein Gesetz, dem Verbindlichkeit in dem oben genannten Sinne zukommt. Die Bezugnahme auf die DIN 276 macht diese jedoch im Umfang der Bezugnahme zum Inhalt der Verordnung. Das Recht, diese zu ändern, kann nur dem Verordnungsgeber - im Rahmen der gesetzlichen Ermächtigung - zustehen, nicht jedoch einem nicht mit Gesetzgebungsbefugnis ausgestatteten Dritten wie hier dem Deutschen Institut für Normung e.V. Solange also nicht der Verordnungsgeber durch eine ausdrückliche Änderung der HOAI die Neufassung der DIN 276 für maßgebend erklärt hat, betrifft die Bezugnahme in § 10 Abs. 2 unverändert die DIN 276 von 1971." [40]

Locher/Koeble/Frik vertreten hierzu jedoch nachfolgende gegenteilige Meinung:

"Bis April 1981 galt DIN 276 in der Ausgabe von September 1971. Die derzeitig gültige Fassung der DIN 276 stammt vom April 1981. (...)
Die Unterschiede zwischen der alten und neuen Fassung sind nicht sehr gravierend, sie müssen jedoch beachtet werden. Die jeweils **neueste Fassung** gilt, obwohl § 10 Abs. 2 von der Fassung September 1971 spricht. Es sollte ersichtlich nur die damals gültige Fassung bezeichnet und nicht diese auch für immer zur Grundlage der Kostenermittlung gemacht werden. (...) Der Sache nach muß es dennoch genügen, wenn der Auftragnehmer die Leistung nach der jeweils gültigen Fassung der DIN 276 erbringt, da diese Kostenermittlung nicht gleichwertig, sondern besser ist. Es treten damit weder Fälligkeitsprobleme auf, (vgl. unten Rdn. 5) noch ist das Honorar wegen teilweiser Erbringung einer Grundleistung zu mindern (vgl. § 5 Rdn. 3 ff.), da die Leistung sogar besser erbracht wurde." [41]

---

[39]   Locher/Koeble/Frik: Kommentar zur HOAI, 4. Auflage, Düsseldorf 1985

[40]   Hesse/Korbion/Mantscheff: a.a.O., Rdn. 3, S. 280/281

[41]   Locher/Koeble/Frik: a.a.O., Rdn. 3, S. 247

Daraus ergaben sich zwangsläufig für die Bauherren Ansatzpunkte, Honorar-
rechnungen der Architekten wegen einer Nichtprüffähigkeit zurückzuweisen.
Hierzu sei auszugsweise ein Urteil des OLG Celle (vom 11. April 1984 -
6 U 217/83) angeführt. [42)]
Der Verordnungsgeber zieht hieraus offensichtlich erst im Jahre 1988 die entsprechenden Folgerungen, denn in der ab 01.04.1988 gültigen Fassung heißt
es:
"(2) Anrechenbare Kosten sind unter Zugrundelegung der Kostenermittlungsarten nach DIN 276 in der Fassung vom April 1981 (DIN 276*) zu ermitteln." [43)]

Zusammenfassend kann hierzu angemerkt werden: Die Absicht des
Verordnungsgebers, Änderungen der DIN dürfen keine unvorhersehbaren
Auswirkungen auf die Bemessungsgrundlagen des Honorars ergeben, stehen
zwangsläufig für einen bestimmten Zeitraum der Anwendung einer zweck-
mäßigeren Kostengliederung und damit einer Verbesserung der Kostentransparenz bzw. Erhöhung der Kostensicherheit entgegen.

Neben diesen vier Verfahren der Kostenermittlung nach DIN 276, die sich am
Fortschritt des Planungs- und Bauprozesses orientieren, ist jedoch auch noch
auf die verschiedenen Arten der Kostenermittlung unter dem Merkmal ihres
methodischen Ansatzes einzugehen.

[42)] "1. Der Kläger hätte die anrechenbaren Kosten gemäß § 10 Abs. 2 HOAI
nach der DIN 276 in der Fassung vom **September 1971** ermitteln müssen.
Zwar ist die DIN 276 inzwischen geändert worden; die Neufassung vom
April 1981 sieht für Kostenermittlungen im Wohnungsbau nunmehr ein
vereinfachtes Verfahren vor. Damit ist die frühere Fassung der Norm
jedoch nicht ohne weiteres gegenstandslos geworden. Beide Fassungen
bestehen vielmehr nebeneinander, indem sie wahlweise verschiedene
Methoden der Kostenermittlung anbieten. Es steht im alleinigen Ermessen
des Verordnungsgebers, verbindlich vorzuschreiben, welche dieser
Methoden für die Kostenermittlung maßgeblich sein soll. Bislang hat er die
Verweisung in § 10 Abs. 2 HOAI der Änderung der DIN-Vorschrift nicht
angepaßt."
Quelle: Baurecht 5/85, 16. Jahrgang, Düsseldorf 1985, S. 591 (Mitteilung
des Richters Dr. Rinne)

[43)] Grundlage: Dritte Änderungsverordnung vom 17.03.1988 (BGBl. I, S. 359)

Man unterscheidet hierbei die sogenannte

- "Analytische" [44] Kostenermittlung
  und die
- "Synthetische" [45] Kostenermittlung.

Die sog. analytische Kostenermittlungsmethode basiert auf dem Grundgedanken der **Gesamtheit** der "Kosten des Bauwerkes" und auf dem Vergleich vollständiger Bauobjekte. [46]

Mit Hilfe mathematisch statistischer Verfahren wie:

- Korrelationsrechnung und Regressionsanalyse
- Vergleichsverfahren
- Mittelwertverfahren

wird eine möglichst große Anzahl vergleichbarer ausgeführter Bauobjekte analysiert, um festzustellen, inwieweit zwischen den bei allen Objekten vorkommenden Gebäudemerkmalen und den jeweils entstandenen Kosten Zusammenhänge (Korrelationen) bestehen. [47]
Auf diese Weise kann der Einfluß der einzelnen Merkmale quantifiziert werden und in Bezug auf eine gemeinsame Ausgangsgröße (z.B. m^2 WFL, m^2 BGF, m^3 BRI) tabellarisch erfaßt werden.
Nachfolgend seien einige Anmerkungen zur Anwendungspraxis der unterschiedlichen mathematisch-statistischen Verfahren aufgeführt:

---

[44] "analytisch": zergliedernd, zerlegend, durch logische Zergliederung entwickelnd; (...)", in: Der große Duden, Bd. 5, 3. Auflage, Mannheim - Wien - Zürich 1974, S. 58

[45] "synthetisch (gr.): 1. zusammensetzend; (...) 2. aus einfachen Stoffen aufbauend; künstlich hergestellt (chem., (...)", in: Der große Duden, Bd. 5, Fremdwörterbuch, a.a.O., S. 709

[46] vgl. u.a. Bayer, Thieme: Analytische Kostenuntersuchungen, Freiburg 1972

[47] vgl. Nixdorf, B.: Investitionsrechenverfahren in der Bauplanung, Schriftenreihe "Bau- und Wohnforschung", Heft 04.089 des Bundesministeriums für Raumordnung, Bauwesen und Städtebau, Leonberg , 1983, S. 56

a)   Vergleichsverfahren

Dieses Verfahren kommt dann zur Anwendung, wenn die Kostendaten nur weniger "vergleichbarer" Bauwerke zur Verfügung stehen und somit die Anwendung der anderen Verfahren nicht möglich ist. Abweichungen hinsichtlich der "Vergleichbarkeit" (z.B. aufgrund typologischer, zeitlicher, regionaler, konstruktiver u.s.w. Faktoren) müssen in ihren kostenmäßigen Auswirkungen nach Möglichkeit erfaßt und durch entsprechende "Berechnungen" berücksichtigt werden. Ergebnis dieses Verfahrens ist ein statistisch wenig abgesicherter Erfahrungswert der "Kosten des Bauwerkes" (je Bezugseinheit), der bei Kostenermittlungen für "vergleichbare" Bauwerke zugrunde gelegt wird. [48]

b)   Mittelwertverfahren

Dieses Verfahren kann dann zur Anwendung kommen, wenn die Kostendaten wirklich vergleichbarer Bauwerke in **der** Menge und Qualität zur Verfügung stehen, daß von einer **repräsentativen Stichprobe** gesprochen werden kann. Dies wird sich hinsichtlich der oben genannten Faktoren, die die Vergleichbarkeit beeinflussen, nicht immer in vollem Umfang erreichen lassen. Es läßt sich z.B. feststellen, daß, je einheitlicher die übrigen Faktoren sind, der Zeitfaktor meist umso divergierender sein wird. Damit ergibt sich meist die Notwendigkeit, die Baukostendaten **vor** jeglicher Mittelwertbildung [49] auf einen gemeinsamen Zeitpunkt umzurechnen. Zur genaueren Kennzeichnung des daraufhin errechneten Mittelwertes können ergänzende Angaben wie Häufigkeitsverteilung, Standardabweichung und Varianz gemacht werden. [50]
Den Einfluß einzelner Merkmale der Bauwerke auf die Baukosten kann das Mittelwertverfahren nicht aufzeigen. [51]

---

[48]   in Anlehnung an: Brüdgam, H.: Möglichkeiten und Grenzen der Verwendung von Baupreisindizes bei Ermittlung und Fortschreibung von Baukosten von Neubau- und Modernisierungsmaßnahmen, Dissertation TU Berlin 1979, S. 107

[49]   in Anlehnung an Brüdgam, H.: Möglichkeiten ..., a.a.O., S. 107

[50]   Im vorliegenden Zusammenhang ist es nicht erforderlich, auf diese statistischen Nachweisungen näher einzugehen.

[51]   Deutsches Institut für Normung e.V.: Kostenrichtwerte im Hochbau, DIN 18961 (Entwurf), Blatt 1 (Begriffe), S. 1 (inzwischen zurückgezogen!)

Ergebnis dieses Verfahrens ist ein statistisch entsprechend der Stichproben-
qualität und der Qualität der weiteren Berechnungen abgesicherter Erfahrungswert der "Kosten des Bauwerkes" (je Bezugseinheit), der bei Kostenermittlungen für Bauwerke, für die er als repräsentativ angesehen werden kann,
zugrunde gelegt wird. [52]

c)   **Korrelationsrechnung und Regressionsanalyse:**

Dieses Verfahren kann nur angewendet werden, wenn - zusätzlich zu den beim
Mittelwertverfahren bezüglich der Kostendaten genannten Voraussetzungen -
auch ausreichend Daten über **weitere** Merkmale der Bauwerke verfügbar sind,
die als baukostenrelevant einzustufen sind und insofern meist als "Kostenein-
flußgrößen" [53] bezeichnet werden.
Mit dem "Verfahren der Korrelations- und Regressionsanalyse" [54] kann der
statistische [55] Einfluß einer oder mehrerer Einflußgrößen auf die "Kosten des
Bauwerkes" meist je Bezugseinheit für bestimmte, definierte Bauwerkstypen
angegeben werden. [56]
Diese mathematisch-statistischen Verfahren sollten in den 70er Jahren
Grundlage bei der Aufstellung von sog. Kostenrichtwerten für unterschiedliche
Objektbereiche sein. Im März 1975 erschien sogar ein erster Entwurf (Gelb-
druck) der DIN 18961, "Kostenrichtwerte im Hochbau".

In der Zwischenzeit wurde dieses Normungsvorhaben, begleitet von heftigen
Protesten, eingestellt.

Die sog. synthetische Kostenermittlungsmethode basiert auf der Überlegung,
daß die Kosten eines Bauwerkes durch seine **Elemente** verursacht werden,
deshalb wird hierfür auch der Oberbegriff **Elementmethode** verwendet. Die
Grundidee dieser Methode stammt aus den angelsächsischen Ländern.

---

[52]   in Anlehnung an: Brüdgam, H.: Möglichkeiten ..., a.a.O., S. 108

[53]   Entspr. DIN 18961: Kostenrichtwerte ... a.a.O., S. 1

[54]   Von der Terminologie der Statistik her ist es korrekter, von Korrelations-
       rechnung und Regressionsanalyse zu sprechen.

[55]   Es ist deutlich hervorzuheben, daß es sich um lediglich **statistisch** nach-
       gewiesene Einflüsse handelt.

[56]   in Anlehnung an: Brüdgam, H.: Möglichkeiten ..., a.a.O., S. 108

In der Bundesrepublik Deutschland wurde im Jahre 1974 in einer Zusammenarbeit von der Länderarbeitsgemeinschaft LAG Hochbau mit dem Schulbauinstitut der Länder eine Gebäudeelementgliederung herausgegeben.
In leicht abgewandelter Form wurde diese Gliederungssystematik dann im Zuge der Neufassung der DIN 276 im Jahre 1981 übernommen.

Seit dem Jahre 1980 werden von der Architektenkammer Baden-Württemberg Baukostendaten erhoben und die Anwendbarkeit nachfolgend aufgeführter Verfahren in Seminaren den Architekten und Ingenieuren nahegebracht:

1)   Kostenschätzung nach DIN 276 als Grundleistung nach HOAI

2)   Kostenschätzung nach DIN 276 als Besondere Leistung nach HOAI
      (auf der Basis der Grobelemente)

3)   Kostenberechnung nach DIN 276 als Grundleistung nach HOAI

4)   Kostenberechnung nach DIN 276 als Besondere Leistung nach HOAI
      (auf der Basis von Gebäudeunterelementen) [57]

Auf die Problematik des **Aufwandes** und der **Honorierung**, besonders der Kostenermittlungsverfahren, die als Besondere Leistung zu erbringen sind, wird im 4. Kapitel detailliert eingegangen.
Außerdem muß darauf eingegangen werden, ob hierdurch für den Investor eine größere Kostensicherheit erreicht wird.

2.1.3 Der Baupreisindex als Versuch, den Verlauf von Teilen der einmaligen Kosten (Kosten des Bauwerkes) darzustellen

Die Kostensicherheit für den Investor, nämlich die Kosten des Bauwerkes in den Phasen der **Vorplanung** und **Entwurfsplanung** möglichst exakt darzustellen, wird nicht unerheblich von einer "richtigen" Anwendung der Baupreisindizes beeinflußt.
Aber auch andere Anwendergruppen wie z.B. Sachverständige der Grundstücks- und Gebäudebewertung und die Versicherungswirtschaft verwenden in ihren jeweiligen Aufgabengebieten den amtlichen Baupreisindex des Statistischen Bundesamtes in Wiesbaden bzw. der jeweiligen Statistischen Landesämter, allerdings für längere Perioden.

---

[57]   ausführliche Beschreibung dieser vier Verfahren in: Riering, E.; Seidel, W.: Baukosten-Handbuch, 3.Auflage 1982, Baukostenberatungsdienst (BKB) der Architektenkammer Baden-Württemberg

Damit wird hier schon folgende Frage aufgeworfen:
Kann ein wie immer gearteter Baupreisindex **beides** leisten?

1)   Kurzfristige Hochrechnungen
2)   Längerfristige Wertentwicklungen darstellen

Daher sollen an dieser Stelle einige grundsätzliche Anmerkungen zu der Anwendungspraxis und eventuell zu den Anwendungsgrenzen bei den unterschiedlichen Anwendergruppen folgen.

Bei den Anwendergruppen der Baupreisindizes stellt sich seit Jahren mehr und mehr ein gewisses Unbehagen bei den Anwendungsmöglichkeiten dar. So wird u.a. auch die Zuverlässigkeit der amtlichen Baupreisstatistik angezweifelt. Dieses drückt sich dann in zum Teil sachlicher, aber auch unsachlicher Kritik aus.
Auszugsweise seien nur zwei zitiert:

"Man kann dem Baupreisindex meines Erachtens unter ganz bestimmten Voraussetzungen immer noch einige Vorzüge abgewinnen, wenn es darum geht, die Erfahrungswerte einiger weniger, wirklich vergleichbarer Objekte, die nur wenige Monate, allenfalls zwei bis drei Jahre zurückliegen, mit Hilfe des Baupreisindexes zu aktualisieren und zu bündeln. Diejenigen, die unbedingt auf 1913 zurückrechnen wollen, erhalten dann nur noch eine Verhältniszahl als Verständigungsgrundlage, nicht mehr. Abzulehnen ist natürlich der noch immer verbreitete umgekehrte Vorgang, historische Baupreise von 1958 oder gar von 1913 mit Hilfe des Baupreisindexes hochzurechnen. (...)
Die Verantwortlichen sollten der Indexmethode endlich zu dem verhelfen, was sie schon vor vielen Jahren verdient hätte: eine Beerdigung dritter Klasse." [58]

"Wüßten die Kostenplaner nun wenigstens, wie die Preisentwicklung wirklich ist, dann hätten sie sich in den letzten Jahren nicht ständig nach oben verrechnet." [59]
Es werden also höhere Baukosten rechnerisch produziert als nach den Marktverhältnissen nötig wären. Getreu nach der Devise: Einmal bewilligte Mittel müssen auch verbaut werden, werden zum Schluß auch die überhöhten Bau-

---

[58]   Pohnert, F.: Baupreisindizes, Der langfristige Kredit, Heft 8/1984, S. 240 (in einem Brief an die Landesbank Rheinland-Pfalz)

[59]   Grote, H.: Spitzenleistungen im Baubetrieb durch komplexe Arbeitstechnik, Reihe: Bauproduktivität und Management, Köln 1986, S. 89/90

kosten eingehalten. Allerdings ist auch eine andere Komponente erkennbar, daß nämlich die tatsächlichen Kosten niedriger ausgefallen sind. Dies kann man den Abbildungen 3-2 und 3-4 entnehmen.

Generell ist anzumerken, daß es sich nicht wie z.B. beim Preisindex für die Lebenshaltung, der ja auf der Basis eines festgelegten "Warenkorbes" erhoben wird, beim Baupreisindex um einen einmaligen "Verbrauchsakt" zu einem ganz bestimmten Zeitpunkt handelt.

Vielmehr ist bei den Kostenprognosen für die "Kosten des Bauwerkes" der unterschiedlichen Bauobjekte zu beachten, daß hierfür sowohl

- Planungszeiten (z.T. zwei Jahre und länger)
  als auch
- Bauzeiten (z.T. drei Jahre und länger)

einbezogen werden müssen.

"Ein weiterer Unterschied gegenüber den anderen Preisstatistiken besteht darin, daß in der Baupreisstatistik nicht Preise für Güter in der Form erhoben werden, in der sie vom Käufer genutzt werden, sondern für einzelne Bestandteile dieser Güter. Gegenstand der Preisbeobachtungen in der Baupreisstatistik sind nicht fertige Bauwerke, sondern einzelne Bauleistungen, die erst bei der statistischen Bearbeitung zu einem Bauwerk integriert werden." [60]

Als "Hilfsmittel" für diese Integration zu einem Bauwerk dienen in erster Linie

- die sog. Regelleistungen
  und
- das sog. Wägungsschema.

Infolge der ständig fortschreitenden technologischen Entwicklung, den veränderten Qualitätsansprüchen der unterschiedlichen Bauherren und den Novellierungen im DIN-Normbereich müssen bei diesen Regelleistungen und beim Wägungsschema von Zeit zu Zeit Anpassungen vorgenommen werden.

Mit anderen Worten, einige der Regelleistungen üben keinen "Einfluß" mehr aus und werden durch neu formulierte - besonders im Ausbau- und Techniksektor - Regelleistungen ersetzt.

Außerdem ist in den letzten Jahren eine Verschiebung im Kostengefüge der "Kosten des Bauwerkes" zu beobachten. Im Kapitel 3.0 folgen zu diesem Problembereich umfangreiche Analysen auf der Grundlage von Daten abgewickelter Bauobjekte.

---

[60] aus Baupreisindizes auf Basis 1970, in: Fachserie M, Preise - Löhne - Wirtschaftsrechnungen; Reihe 5, November 1975, S. 4

Diese Entwicklung muß bei der Aufstellung der jeweiligen Wägungsschemata eingearbeitet werden.

Diese Sachverhalte sind am Beispiel von zwei ausgewählten Bauwerksarten

- 1.1.1   : Wohngebäude (insgesamt)
- 1.1.2.1 : Bürogebäude (insgesamt)

darzustellen.

Da die Problematik der Regelleistungen und Wägungsschemata für die o.a. Bauwerksarten auch als historische Entwicklung seit dem Jahre 1970 dargestellt werden soll, wird es notwendig, zunächst alle Bauleistungen aufzuführen, die seit diesem Jahr für die zwei Bauwerksarten berücksichtigt worden sind.
Leider werden die Bauleistungen noch in Anlehnung an den § 9 der GOA nur in Rohbau- und Ausbauleistungen untergliedert.
Da sich alle Bauwerke aus einem Rohbau-, Ausbau- und Gebäudetechnikkomplex zusammensetzen, wäre es wünschenswert, wenn auch bei der Aufstellung der Wägungsschemata diese Dreiteilung vorgenommen würde.
Diese Aufteilung ist vom Verfasser vorgenommen worden. Den nachfolgenden Tabellen 2-3 und 2-4 ist in Spalte C zu entnehmen, welche Gewerke (Bauleistungen) jeweils dem Rohbau-, Ausbau- und Gebäudetechnikkomplex zugeordnet worden sind. Bei der vom Statistischen Bundesamt vorgenommenen Unterteilung der Bauleistungen in die Rohbau- und Ausbauarbeiten ist zu beachten, daß aus unterschiedlichen Gründen bei einzelen Bauleistungen eine Umgruppierung stattgefunden hat.

"Mit dem Außerkrafttreten der früheren Gebührenordnung für Architekten (GOA) als maßgeblicher Bezugsvorschrift für die Unterscheidung zwischen Rohbau- und Ausbauarbeiten war es nicht länger vertretbar, die Zuordnung der Gewerke abweichend von der Handhabung in den Produktionsstatistiken des Baugewerbes vorzunehmen. In Anpassung an die dort verbindliche "Systematik der Wirtschaftszweige im produzierenden Gewerbe" (SYPRO) erscheinen künftig auch im Rahmen baupreisstatistischer Nachweisungen die "Putz- und Stuckarbeiten" nicht mehr wie bisher beim Ausbau, sondern beim Rohbau. Auch "Stahlbauarbeiten" werden auf neuer Basis nur noch beim Rohbau nachgewiesen." [61]

---

[61] Borowski, D.: Zur Neuberechnung der Baupreisindizes auf der Basis 1976, in: Wirtschaft und Statistik, Heft 8/80, S. 514 ff.

An dieser Stelle sei die Frage erlaubt, ob eine Produktionsstatistik des Baugewerbes den Ausschlag geben darf, daß ein Gewerk, das doch wohl ganz
eindeutig als Ausbaugewerk gilt, nun plötzlich in nicht unerheblichem Maße
Aussagen über die durchschnittliche Entwicklung der Rohbauarbeiten bei
Wohngebäuden beeinflußt.
Die in Spalte C der Tabellen 2-3 und 2-4 vorgenommene Zuordnung der Bauleistungen zu den Rohbau-, Ausbau- und Gebäudetechnikgewerken orientiert
sich an den von der DIN 276 für die Kostengruppe 3.0 vorgegebenen Bedingungen.
Den Spalten D bis F der Tabellen 2-3 und 2-4 ist zu entnehmen, welche Veränderungen bei den einzelnen Wägungsanteilen der Bauleistungen für die bei-
den Bauwerksarten von 1970, 1976 und 1980 zu beachten sind.
Da diese Wägungsanteile die "Subindizes" der Bauleistungen bzw. den jeweiligen Baupreisindex für die Bauwerksart erheblich beeinflussen, wird dieser
Problembereich im 3. Kapitel bei der Analyse der Kostenartenstruktur der
"Kosten des Bauwerkes" ausführlich untersucht.

Im nächsten Schritt werden jeweils zwei sog. Leitgewerke ausgewählt, die bei
beiden Bauwerksarten für alle drei Basisjahre einen besonders hohen
Wägungsanteil ausmachen.
Hierbei handelt es sich um nachfolgende Leitgewerke:

o **Rohbau:**

   - Beton- und Stahlbetonarbeiten (1)
   - Mauerarbeiten (2)

o **Ausbau:**

   - Tischlerarbeiten (3)
   - Putz- und Stuckarbeiten (4)

o **Gebäudetechnik:**

   - Elektro (5)
   - Heizung (6)

Tab. 2-3:   Gegenüberstellung der Wägungsanteile der Bauleistungen für den Objektbereich Bürogebäude (1.1.2.1) der Jahre 1970, 1976 und 1980

		Bauleistungen am Bauwerk	1970	1976	1980
A	B	C	D	E	F
R	1	Erdarbeiten	16,69	21,22	22,01
	2	Verbauarbeiten	0,00	6,85	6,97
	3	Rammarbeiten	1,29	3,86	3,80
	4	Entwässerungskanalarbeiten	7,20	4,08	5,45
	5	Oberbauschichten ohne Bindemittel	0,00	0,00	0,00
	6	Mauerarbeiten	99,12	30,25	32,39
	7	Beton- und Stahlbetonarbeiten	332,15	269,90	277,04
	8	Naturwerksteinarbeiten	2,53	19,00	18,22
	9	Betonwerksteinarbeiten	38,86	16,40	15,50
	10	Zimmer- und Holzbauarbeiten	0,00	2,46	2,70
	11	Stahlbauarbeiten	7,72	6,86	7,38
	12	Abdichtung nichtdrückendes Wasser	2,52	4,42	4,86
	13	Dachdeckungs- und Dachabdichtungsarbeiten	10,98	16,16	19,03
	14	Klempnerarbeiten	9,44	13,99	11,15
	15	Gerüstarbeiten	0,00	5,41	5,51
		Summe Rohbauarbeiten	**528,50**	**420,86**	**432,01**
A	1	Putz- und Stuckarbeiten	63,38	26,96	27,65
	2	Fliesen- und Plattenarbeiten	34,31	10,42	10,67
	3	Estricharbeiten	22,57	15,67	16,16
	4	Asphaltbelagarbeiten	2,97	0,31	0,31
	5	Tischlerarbeiten	64,23	84,04	86,00
	6	Parkettarbeiten	3,55	0,00	0,00
	7	Rolladenarbeiten	5,36	9,03	8,27
	8	Metallbau- und Schlosserarbeiten	60,18	148,88	151,04
	9	Verglasungsarbeiten	26,10	13,30	12,58
	10	Anstricharbeiten	32,32	17,40	17,05
	11	Oberflächenschutzarbeiten an Stahl und Alu	0,00	0,00	0,00
	12	Bodenbelagarbeiten	22,62	14,86	14,09
	13	Tapezierarbeiten	0,82	1,57	1,46
		Summe Ausbauarbeiten	**338,41**	**342,44**	**345,28**
GT	1	Lüftungstechnische Anlagen	2,63	50,23	46,69
	2	Heizungs- und Brauchwassererwärmungsanlage	68,00	46,73	44,89
	3	Gas-, Wasser- und Abwasserinstallationen	35,17	40,14	37,06
	4	Elektrische Kabel- und Leitungsanlagen	26,29	73,51	70,28
	5	Blitzschutzanlagen	1,00	0,80	0,79
	6	Förderanlagen	0,00	25,29	23,00
		Summe Gebäudetechnik	**133,09**	**236,70**	**222,71**
		Summe Bauleistungen (Bauwerk)	1.000,00	1.000,00	1.000,00

Tab. 2-4: Gegenüberstellung der Wägungsanteile der Bauleistungen für den Objektbereich Wohngebäude (1.1.1) der Jahre 1970, 1976 und 1980

A	B	C Bauleistungen am Bauwerk	D 1970	E 1976	F 1980
R	1	Erdarbeiten	24,85	33,08	33,74
	2	Verbauarbeiten	0,79	2,03	2,04
	3	Rammarbeiten	1,02	0,00	0,00
	4	Entwässerungskanalarbeiten	5,60	9,85	10,97
	5	Oberbauschichten ohne Bindemittel	1,05	0,00	0,00
	6	Mauerarbeiten	124,18	135,61	146,16
	7	Beton- und Stahlbetonarbeiten	216,61	231,34	233,98
	8	Naturwerksteinarbeiten	7,92	8,27	8,03
	9	Betonwerksteinarbeiten	31,01	21,15	20,95
	10	Zimmer- und Holzbauarbeiten	20,12	27,27	29,33
	11	Stahlbauarbeiten	10,31	0,00	0,00
	12	Abdichtung nichtdrückendes Wasser	8,78	6,69	7,22
	13	Dachdeckungs- und Dachabdichtungsarbeiten	22,56	22,63	24,11
	14	Klempnerarbeiten	15,30	10,97	9,26
	15	Gerüstarbeiten	7,79	4,37	4,43
		Summe Rohbauarbeiten	**497,89**	**513,26**	**530,22**
A	1	Putz- und Stuckarbeiten	87,80	67,93	69,16
	2	Fliesen- und Plattenarbeiten	25,39	32,35	32,52
	3	Estricharbeiten	19,03	24,89	24,92
	4	Asphaltbelagarbeiten	2,71	0,07	0,07
	5	Tischlerarbeiten	56,80	69,03	68,46
	6	Parkettarbeiten	4,38	0,55	0,57
	7	Rolladenarbeiten	12,11	6,44	5,35
	8	Metallbau- und Schlosserarbeiten	34,40	39,70	39,37
	9	Verglasungsarbeiten	19,62	10,73	10,10
	10	Anstricharbeiten	34,03	25,11	24,23
	11	Oberflächenschutzarbeiten an Stahl und Alu	0,00	0,00	0,00
	12	Bodenbelagarbeiten	18,78	16,20	15,14
	13	Tapezierarbeiten	7,25	9,28	8,66
		Summe Ausbauarbeiten	**322,30**	**302,28**	**298,55**
GT	1	Lüftungstechnische Anlagen	3,59	4,30	3,96
	2	Heizungs- und Brauchwassererwärmungsanlage	65,42	46,70	44,36
	3	Gas-, Wasser- und Abwasserinstallationen	69,94	66,34	60,76
	4	Elektrische Kabel- und Leitungsanlagen	39,52	48,46	45,28
	5	Blitzschutzanlagen	1,34	1,42	1,37
	6	Förderanlagen	0,00	17,24	15,50
		Summe Gebäudetechnik	**179,81**	**184,46**	**171,23**
		Summe Bauleistungen (Bauwerk)	1.000,00	1.000,00	1.000,00

Die langfristige Entwicklung dieser 6 Gewerke (Bauleistungen) wird für das Land Berlin dargestellt. [62]

Nachfolgende Abbildung 2-1 zeigt die Entwicklung dieser 6 Gewerke (Subindizes) z.B. für die Bauwerksart "Bürogebäude" (1.1.2.1) auf der Basis 1970 = 100. [63]

Es wäre sicherlich insgesamt vorteilhafter, diese Entwicklung für den Bundesdurchschnitt darzustellen. Hierbei ist jedoch zu beachten, daß der Übergang von Landespreismeßzahlen zu den Bundespreismeßzahlen auf der Grundlage von differenzierten Umsätzen der entsprechenden Baubranchen geschieht. Da hierüber kein Datenmaterial veröffentlicht wird, habe ich mich entschlossen, diese Sachverhalte nur für den Teilmarkt "Land Berlin" darzustellen.

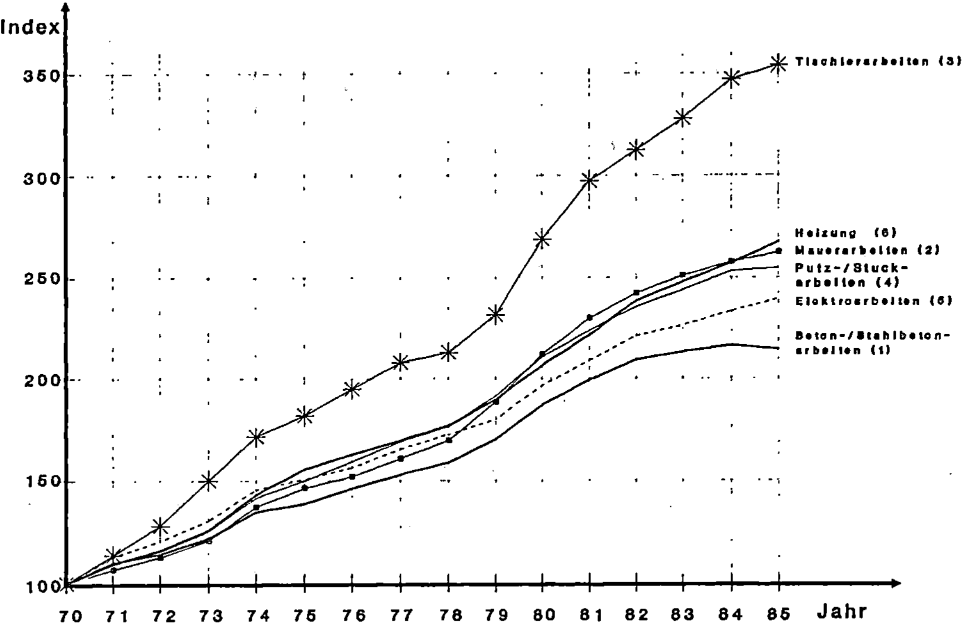

Abb. 2-1:   Entwicklung der Subindizes (1) - (6) für jeweils zwei Leitgewerke aus den Bereichen Rohbau, Ausbau und Gebäudetechnik - dargestellt am Beispiel der Bauwerksart Bürogebäude (1.1.2.1)

---

[62]   Das Datenmaterial für diese Darstellung wurde mir freundlicherweise vom Statistischen Landesamt Berlin, Referat II A2, zur Verfügung gestellt.

[63]   Die Entwicklung dieser 6 Gewerke (Subindizes) für die Bauwerksart "Mehrfamiliengebäude" (1.1.1.2) ist der Anlage 2 im Anhang zu entnehmen.

Die Abbildung 2-1 zeigt die geringen Steigerungen bei den Rohbau-Subindizes (Gewerken) und die wesentlich höheren Steigerungen bei den Ausbau- und Gebäudetechnik-Subindizes.
Man erkennt hier sehr deutlich, daß solche Gewerke, die der Rationalisierung nicht entsprechend zugänglich sind, überproportional gestiegen sind.

Nachfolgend nur einige kritische Anmerkungen zum möglichen Genauigkeitsgrad der Baupreisindizes:

- In der Pendelliste wird nicht abgefragt, bei welcher Bauwerksart die Preise erzielt wurden bzw. voraussichtlich erzielt werden (die Erhebung erfolgt also bauwerksartenneutral). Damit können preispolitische Überlegungen der bauausführenden Betriebe bei unterschiedlichen Auftragsgrößen (z.B. Einfamilienhaus, gewerbliches Betriebsgebäude) nicht berücksichtigt werden.

- Die Wägungsschemata gelten bundesweit; es sind jedoch regional bei einzelnen Bauwerksarten gravierende Unterschiede beim Anteil einer bestimmten Bauleistung an der Gesamtbauleistung zu erkennen. Praxisfremde Wägungsschemata führen damit unweigerlich zu "falschen" Landesbaupreisindizes.

Nimmt man außerdem zur Kenntnis, daß in der Bauwirtschaft sog. Konjunkturzyklen vorhanden sind, so muß jedoch beachtet werden, daß die Konjunktur im Bereich der Gewerke

- Rohbau
- Ausbau
- Gebäudetechnik

sich unterschiedlich niedergeschlagen hat.

Von entscheidender Bedeutung sind ebenfalls die preispolitischen Überlegungen der bauausführenden Betriebe.
Die Nachfrage auf den differenzierten Teilmärkten, z.B.

- Neubau von Einfamilienhäusern
- Neubau von Mehrfamilienhäusern
- Neubau von Büro- und Verwaltungsbauten
- Modernisierungs- und Instandsetzungsbauvorhaben

seien hierfür genannt.

Welche Folgen hat z.B. ein "Einbruch" auf dem Teilmarkt "Neubau von Mehr-familienhäusern" bei gleichzeitiger Verlagerung und Erhöhung des öffentlichen Förderungsbudgets auf den Teilmarkt "Modernisierung und Instandsetzung". Die Preise für Rohbauleistungen werden sinken (geringe Nachfrage), bei den Preisen für Ausbauleistungen wird evtl. ein geradliniger Verlauf oder sogar noch eine Erhöhung eintreten.

Für einen geplanten Neubau eines Verwaltungsgebäudes würde dies z.B. bedeuten:

a) Die Gewerke des Rohbaues können zu äußerst günstigen Bedingungen "eingekauft" werden, da die Bauunternehmen aufgrund der geringen Nachfrage evtl. bereit sind, auf die Ansätze von Gewinn, Wagnis und evtl. auch Vorhalteentgelt bei diesem Auftrag zu verzichten.

b) Da bei den Gewerken des Ausbaues eine große Nachfrage vorhanden ist, wird im Zuge der Preispolitik versucht, hier fehlende "Kostenansätze" auf-zufangen.

Mit anderen Worten: die Nachfrage nach Bauleistungen auf den unterschied-lichen Teilmärkten ist ebenfalls Ursache für das unterschiedliche Preis-niveau. [64]

Eine Analyse und Wertung der Ergebnisse dieses Kapitels erfolgt im Zusam-menhang mit den Erkenntnissen des Kapitels 3.1.1 (Struktur der einmaligen Kosten nach DIN 276 beim Objektbereich Büro- und Verwaltungsbauten).

2.2 Ermittlung der laufenden Kosten

In den letzten drei Jahrzehnten des Wiederaufbaus der Bundesrepublik Deutschland ist die Frage der Ermittlung von laufenden Kosten nicht vorrangig behandelt worden. Aber schon in der älteren Kostenliteratur hat man viel "Verständnis" für die laufenden Kosten gehabt.
Im Zusammenhang mit der Abschätzung vorhandener Gebäude und über-schläglichen Kostenermittlung von Bauentwürfen schreibt Schwatlo im Jahre 1898:

---

[64] weitere Ausführungen zu dieser Thematik in: Gaede, W.; Toffel, R.F.: Zur Dynamik der Baupreise, Teil 1 und 2 in: Der Baubetriebsberater, Bauwirt-schaft 1985, Heft 12, S. 390 ff. und Heft 14/15, S. 483 ff.

"Bei der Wertschätzung selbst ist es nötig, die Dauer, die Unterhaltungskosten, sowie die Amortisation des Bauanlagekapitals in Betracht zu ziehen. Unter der Dauer eines Gebäudes versteht man denjenigen Zeitpunkt, nach dessen Ablauf dasselbe, trotz sorgfältiger Instandhaltung, nicht mehr ausgebessert werden kann, sondern zum Teil oder gänzlich erneuert werden muss. Der Amortisationsbetrag ist diejenige unverzinsliche, jährlich zurückzulegende Summe, welche nach Ablauf der Dauer des Gebäudes das Anlagekapital zurückzahlt (amortisiert) oder deckt." [65]

Auf der Grundlage der Gebäudeklassen, der Geschoßhöhen, Anzahl der Geschosse und der zu berücksichtigenden Baubeschreibungen findet man in diesem Standardwerk nämlich bereits Ende des 19.Jahrhunderts für Wohngebäude (vgl. auch Tabelle 2-2 im 2. Kapitel) Angaben zu den jährlichen prozentualen Unterhaltungskosten in Abhängigkeit zum Neuwert.

Tabelle 2-5: Unterhaltungskosten von Wohngebäuden [66]

Gebäude-klasse	Geschoßhöhen	Dauer des Gebäudes	Unterhaltungskosten in % des Neuwertes
1	2	3	4
I	2,50 - 3,00	100	1,25 %
II	2,75 - 3,50	130	1,00 %
III	3,00 - 4,00	160	0,75 %
IV	3,75 - 4,50	200	0,50 %

Wie bereits im 2. Kapitel im Rahmen der Analyse der Tabelle 2-2 angesprochen, war mit Zunahme der Geschoßhöhe ebenfalls eine Steigerung der Standards des Gebäudes verbunden. Dieser Tabelle 2-5 kann daher die Zunahme des Prozentsatzes der Unterhaltungskosten bei Verringerung des Standards entnommen werden.

Erst die Energiekrise in den 70er Jahren hat dazu geführt, daß man sich dem Problembereich der laufenden Kosten in Teilbereichen verstärkt gewidmet hat. Zu Beginn stand daher die Auswertung von Betriebs- und Unterhaltungskosten im Vordergrund.

---

[65]   Schwatlo, C.: a.a.O., S. 795

[66]   vgl. Schwatlo, C.: a.a.O., S. 796/797

So gelang es im Jahre 1967 Siegel/Solf auf der Grundlage von 26 in den Jahren 1954 bis 1965 ausgeführten Bürobauten die jährlichen Betriebskosten klimatisierter und nichtklimatisierter Gebäude als Durchschnitts- und Grenzwerte zu ermitteln. [67]

Am Anfang der Normierungsarbeiten zur Ermittlung der laufenden Kosten, also der Kosten, die während der **Nutzungsphase** des Bauobjektes entstehen, stand man Mitte 1973 vor der Ausgangssituation, daß alle bisherigen Verfahren stark voneinander abwichen.

Vielmehr war die Anwendbarkeit der einzelnen Verfahren und Methoden überwiegend auf die unterschiedliche **Nutzung** abgestellt, z.B.:

a)   sozialer Mietwohnungsbau
b)   Verwaltungsbauten der gewerblichen Industrie
c)   Verwaltungsbauten der öffentlichen Hand.

Nachfolgender kurzer historischer Rückblick soll einen Einblick in den Sachverhalt der "Ermittlung der laufenden Kosten" seit dem Beginn des Wiederaufbaus der Bundesrepublik Deutschland (ca. 1950) für die unterschiedlichen Objektbereiche vermitteln.

2.2.1   Gliederung der laufenden Kosten

Als Hilfsmittel für die Analyse und Berechnung der laufenden Kosten der Bauobjekte aus den jeweiligen Objektbereichen dienen die unterschiedlichen Kostengliederungen.

Von den nachfolgend aufgeführten vier Gliederungsmöglichkeiten

a)   II. BV (Zweite Berechnungsverordnung) [68]
b)   DIN 18960 [69]
c)   VDI - Richtlinie 2067
d)   Haushaltspläne der öffentlichen Verwaltung

werden nur die ersten beiden Gliederungen mit in die weitere Betrachtung einbezogen.

---

[67] vgl. Siegel, C.; Solf, C.: Bürobaukosten, Quickborn 1967, Tafel 36, S. 62

[68] Verordnung über wohnungswirtschaftliche Berechnungen (Zweite Berechnungsverordnung - II. BV) in der Neufassung vom 5. April 1984: abgedruckt im BGBl. I, S. 553

[69] Deutsches Institut für Normung e.V. (Hrsg.): Baunutzungskosten von Hochbauten, DIN 18960 Teil 1, Berlin und Köln, April 1976

II. BV - Gliederungssystematik

Im öffentlich geförderten Wohnungsbau ist die Gliederung der laufenden Kosten in den Paragraphen 18 - 31 der II. BV verankert.
Man unterscheidet nachfolgende kosten- und ausgabenwirksame "Aufwendungen":

o   I.   Kapitalkosten

        1. Fremdkapitalkosten
        2. Eigenkapitalkosten

o   II.   Bewirtschaftungskosten

        1. Abschreibung
        2. Verwaltungskosten
        3. Betriebskosten
        4. Instandhaltungskosten
        5. Mietausfallkosten

Da die Darstellung der kostenpolitischen Überlegungen der Investoren (im 4. Kapitel) hinsichtlich "laufender Kosten" auf die Kostenarten **Betriebskosten** und **Instandhaltungskosten** eingeschränkt wird, nachfolgend die in der Verordnung aufgeführten Definitionen:

"(1) Betriebskosten sind Kosten, die dem Eigentümer (Erbbauberechtigten) durch das Eigentum am Grundstück (Erbbaurecht) oder durch den bestimmungsmäßigen Gebrauch des Gebäudes oder der Wirtschaftseinheit, der Nebengebäude, Anlagen, Einrichtungen und des Grundstücks laufend entstehen. (...)

(3) Im öffentlich geförderten sozialen Wohnungsbau und im steuerbegünstigten oder freifinanzierten Wohnungsbau, der mit Wohnungsfürsorgemitteln gefördert worden ist, dürfen die Betriebskosten nicht in der Wirtschaftlichkeitsberechnung angesetzt werden. (...)."[70]
Da gerade die Betriebskosten in den letzten Jahren immer mehr an Bedeutung gewonnen haben, nachfolgend eine Darstellung zur Systematisierung der Betriebskosten:

---

[70]   II. BV: Betriebskosten, § 27, a.a.O.

"Die Betriebskosten sind wohnungswirtschaftlich deshalb von besonderer Bedeutung, weil sie dem Eigentümer laufend entstehen, unmittelbar oder mittelbar zugunsten der Wohnungsinhaber, also namentlich der Mieter, getragen werden und damit für den Eigentümer praktisch durchlaufende Posten darstellen. Die **Begriffsbestimmung** in Abs. 1 unterscheidet:

a) Betriebskosten, die dem Eigentümer durch das Eigentum am Grundstück einschließlich der Gebäude entstehen, z.B. Grundsteuer, Straßenreinigung, Gartenpflege, Schornsteinreinigung, Sach- und Haftpflichtversicherungen und

b) Betriebskosten, die mit der Nutzung der Wohnungen im Zusammenhang stehen, z.B. Wasserversorgung, Entwässerung, Heizung, Warmwasser, Fahrstuhl, Müllabfuhr, Hausreinigung, Beleuchtung, Hauswart, Gemeinschaftsantenne, Breitbandkabelanschluß, maschinelle Wascheinrichtung."[71]

Die Berechnung der Wirtschaftlichkeit von Wohnbauten (speziell von öffentlich geförderten Bauobjekten) erfordert einen auf die Nutzungsdauer abgestimmten kalkulatorischen Ansatz von Instandhaltungskosten.
Nachfolgende Definition aus der II. BV gibt Auskunft darüber, welche Kosten mit dieser Pauschale (auf der Basis der Wohnfläche) gedeckt werden sollen.

"(1) Instandhaltungskosten sind die Kosten, die während der Nutzungsdauer zur Erhaltung des bestimmungsmäßigen Gebrauchs aufgewendet werden müssen, um die durch Abnutzung, Alterung und Witterungseinwirkung entstehenden baulichen oder sonstigen Mängel ordnungsgemäß zu beseitigen. Der Ansatz der Instandhaltungskosten dient auch zur Deckung der Kosten von Instandsetzungen, nicht jedoch der Kosten von Baumaßnahmen, soweit durch sie eine Modernisierung vorgenommen wird oder Wohnraum oder anderer auf die Dauer benutzbarer Raum neu geschaffen wird. (...)"[72]

---

[71] Fischer-Dieskau, Pergande, Schwender: Wohnungsbaurecht, Band 4, Zweite Berechnungsverordnung - Neubaumietenverordnung, Kommentar, § 27, S. 4, 85. Erg.Lfg., Mai 1986, Wingen Verlag Essen

[72] II. BV: Instandhaltungskosten, § 28, a.a.O.

DIN 18960 - Gliederungssystematik

Nach der Begriffsdefinition der DIN 18960 sind **Baunutzungskosten** alle bei Gebäuden, den dazugehörenden baulichen Anlagen und deren Grundstücken unmittelbar entstehenden regelmäßig oder unregelmäßig wiederkehrenden Kosten vom Beginn der Nutzbarkeit des Gebäudes bis zum Zeitpunkt seiner Beseitigung.

Die Kostengliederung, als notwendige Voraussetzung für eine Ermittlung nach einheitlichen Gesichtspunkten, weist gegenüber der Gliederungssystematik der II. BV einige Unterschiede auf.

Im einzelnen sind gemäß DIN 18960, Teil 1, nachfolgende Kostengruppen zu beachten:

1. **Kapitalkosten**

    1.1 Fremdmittel
    1.2 Eigenleistungen

2. **Abschreibung**

3. **Verwaltungskosten**

4. **Steuern**

5. **Betriebskosten**

    5.1 Gebäudereinigung
    5.2 Abwasser und Wasser
    5.3 Wärme und Kälte
    5.4 Strom
    5.5 Bedienung
    5.6 Wartung und Inspektion
    5.7 Verkehrs- und Grünflächen
    5.8 Sonstiges

6. **Bauunterhaltungskosten**

Auf notwendige Definitionen und Abgrenzungsprobleme dieser Kostengruppen nach DIN 18960 wird im Kapitel 3.1.3 (Struktur und Einflußgrößen der laufenden Kosten nach DIN 18960) nochmals eingegangen.

2.2.2 Darstellung der Ermittlungsverfahren

Alle Investitionen in Bauobjekte sind mit schwerwiegenden Entscheidungen verbunden, da sie:

- sich auf einen langen Zeitraum erstrecken,
- eine große Kapitalmenge binden,
- gegenüber reinen Finanzinvestitionen mit erheblichen Risiken behaftet und
- nur schwer revidierbar sind.

Eine Investition stellt also eine zielorientierte Bindung finanzieller Mittel in ein Objekt dar, wobei der Investor zwecks Erwerb Zahlungen leistet, um anschließend mittels des Investitionsobjektes Zahlungen zu empfangen. [73]
Die Festlegung einer Reihenfolge bzw. die Auswahl der vorteilhaftesten Investition erfolgt im Rahmen des Investitionsentscheidungsprozesses. Hierbei müssen neben den quantifizierbaren Einflußfaktoren auch die Imponderabilien berücksichtigt werden.
Auf der Grundlage der differenzierten Beurteilungskriterien und Zielgrößen stehen unterschiedliche Investitionsrechenverfahren zur Verfügung, die sich auch hinsichtlich der Rechnungsmethodik und der Aussagefähigkeit unterscheiden. Man unterscheidet hierbei die:

- **Statischen Verfahren** mit einperiodischer Betrachtungsweise, mittels einfacher Rechengrößen
  und
- **Dynamischen Verfahren** mit mehrperiodischer Betrachtungsweise, bei der auch der Zeitpunkt der Wertveränderungen mit berücksichtigt wird. Hierfür sind jedoch anspruchsvolle und zeitaufwendige Berechnungen notwendig. [74]

Als **statische Verfahren** gelten:

- Kostenvergleichsrechnung
- Gewinnvergleichsrechnung
- Amortisationsvergleichsrechnung
- Rentabilitätsvergleichsrechnung.

---

[73] vgl. Pfarr, K.-H.: Grundlagen..., a.a.O., S. 151

[74] vgl. Aggteleky, B.: Fabrikplanung, Werksentwicklung und Betriebsrationalisierung, Band 2, München - Wien 1982, S. 729 ff.

Diesen vier Verfahren ist gemeinsam, daß sie einen Vergleich stets nur für eine repräsentative Zeitperiode anstellen. Die Aussagefähigkeit ist also erheblich davon abhängig, ob die gewählte Teilperiode tatsächlich repräsentativ ist. Außerdem können die zeitbedingten Wertunterschiede zwischen Barwert (Wert heute) und Zeitwert (Wert zum Zeitpunkt des Entstehens) nicht berücksichtigt werden.

Diesen aufgezeigten Mängeln kann man bei den "Dynamischen Verfahren" durch Anwendung finanzmathematischer Rechenmethoden entgegentreten.

Als **Dynamische Verfahren** gelten:

- Kapitalwertmethode
- Interne Zinsfuß-Methode
- Annuitätsmethode.

"Den dynamischen Verfahren ist gemeinsam, daß sie im Gegensatz zu den statischen Verfahren nicht mit Durchschnittswerten arbeiten, sondern zeitliche und wertmäßige Unterschiede im Anfall der Ausgaben und Einnahmen während der Nutzungsdauer der betrachteten Investitionsmaßnahme berücksichtigen. Durch die Betrachtung der Zeitreihen für die Zahlungsströme von Ein- und Auszahlungen sowie ihre Ab- oder Aufzinsung auf einen festen Bezugszeitpunkt wird die Vorteilhaftigkeit von Investitionen nicht nur für eine Durchschnittsperiode, sondern für die gesamte Nutzungsdauer bzw. bis zu einem bestimmten Planungshorizont untersucht." [75]

Die Unsicherheiten dieser dynamischen Verfahren liegen in der Wahl des Betrachtungszeitraumes welcher als Beurteilungszeitraum angesehen werden soll. Für einen Zeitraum von 50 bis 100 Jahren verlieren diese Berechnungen sicherlich ihren Sinn. Der Verfasser ist mit Pfarr der Auffassung, daß als **ökonomischer Horizont** je nach Problemstellung maximal 15 Jahre gewählt werden sollen. [76]

---

[75] Diederichs, C.J.: Wirtschaftlichkeitsberechnungen, Nutzen-/Kosten-untersuchungen, Expert Verlag 1985, S. 14

[76] Weitere ausführliche Beschreibungen der unterschiedlichen Verfahren in:
Nixdorf, B.: Investitionsrechenverfahren in der Bauplanung, Schriftenreihe "Bau- und Wohnforschung" des Bundesministeriums für Raumordnung, Bauwesen und Städtebau, Leonberg 1983
Diederichs, C.J.: Wirtschaftlichkeitsberechnungen ..., a.a.O.

Für den öffentlich geförderten Wohnungsbau ist gemäß II. WoBauG eine Wirtschaftlichkeitsberechnung erforderlich, sobald öffentliche Mittel beantragt oder bewilligt werden. Als rechtliches Instrumentarium dient dabei, wie bereits an anderer Stelle erwähnt, die II. Berechnungsverordnung (II. BV).
Die II. BV schreibt dabei ein Verfahren zur Beurteilung der Wirtschaftlichkeit vor, das in der Betriebswirtschaftslehre so keine Entsprechung findet. Dieses ist durch Gegenüberstellung der laufenden Aufwendungen mit den Erträgen für das erste Jahr der Nutzung definiert.

Die nach II. BV aufzustellende Wirtschaftlichkeitsberechnung ist in der derzeit gültigen Form nicht als exakte Kostenrechnung, die ja u.a. auch das Vorhandensein eines betrieblichen Rechnungswesens voraussetzt, anzusehen.
Jedoch ergeben sich einige Gemeinsamkeiten mit der Kosten- und Wirtschaftlichkeitsberechnung der Betriebswirtschaftslehre in der Art, daß die Wirtschaftlichkeitsberechnung nach II. BV den Charakter einer Kalkulationsrechnung hat und dabei die Kostenwerte, die in der Kostenrechnung gewonnen werden, als Erfahrungswerte verwendet werden. [77]

---

[77] vgl. Flender, A.: Kosten und Kostenrechnung in der Wohnungswirtschaft, in: Beiträge zur Theorie und Praxis des Wohnungsbaues, Bonn 1959, S. 186

3 Kostentransparenz als notwendige Voraussetzung für eine erfolgreiche Kostenpolitik

Die unterschiedlichen Investoren in den Objektbereichen

- Büro- und Verwaltungsbauten
  und
- Wohnungsbauten

interessieren sich unmittelbar nach Formulierung der Bauidee unter dem Komplex "einmalige Kosten" in erster Linie für die "Gesamtkosten", also die Summe aller Kostengruppen nach DIN 276.
Dieser Gesamtkostenrahmen ist jedoch überwiegend von seinen Entscheidungen zum Standort, zur Quantität (Raumprogramm) und Qualität (Rohbau, Ausbau und Gebäudetechnik) abhängig.
Da diese Entscheidungen je nach Zielsetzung der Investoren völlig unterschiedlich ausfallen werden, benötigen sie für diesen Zweck Erkenntnisse über die Struktur und Entwicklung der einmaligen Kosten nach DIN 276.
Im ersten Teil dieses Kapitels (3.1.1 und 3.2) sind deshalb nachfolgende Fragestellungen zu beantworten:

1) Welche der sieben Kostengruppen nach DIN 276 haben bei den einzelnen Objektbereichen einen besonders hohen Anteil an den Gesamtkosten? Lassen sich "Kostenschwerpunkte" formulieren?

2) Welche dieser Kostengruppen lassen einen größeren Schwankungsbereich erkennen? Worin besteht die Ursache?

3) Sind bei den unterschiedlichen Objektbereichen in den letzten 20 Jahren Verschiebungen im Kostengefüge zu erkennen?

Zur Klärung dieser Fragestellungen wird es notwendig, das Datenmaterial abgewickelter Bauobjekte systematisch auszuwerten.

Hierbei sollte man immer in den in Abbildung 3-1 dargestellten Stufen vorgehen. Abbildung 3-1 zeigt weiterhin, welcher Detaillierungsgrad hinsichtlich Kostengruppen, Gebäudeelementen und Gewerken in den unterschiedlichen Stufen jeweils vorliegen muß.

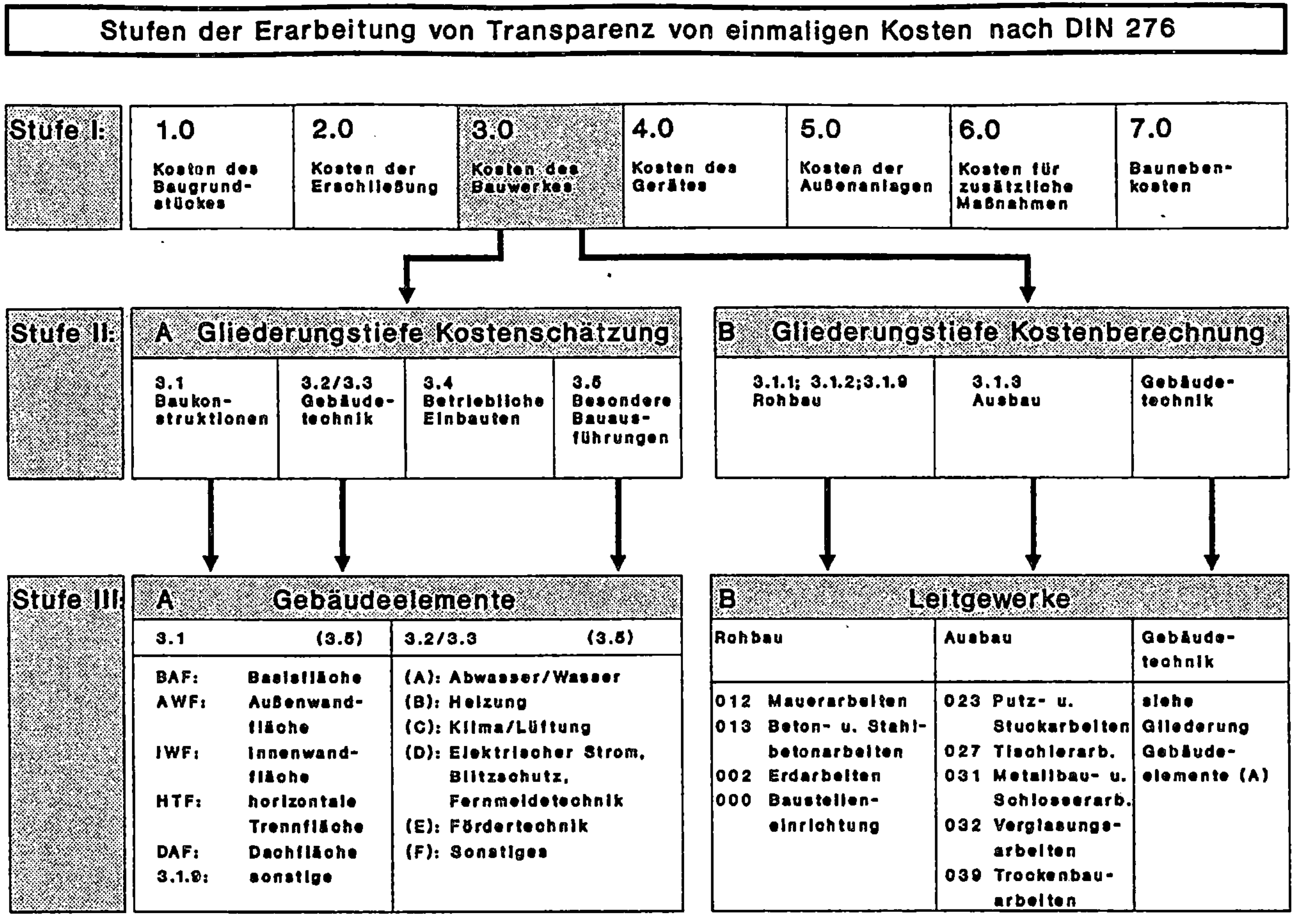

Abb. 3-1: Stufen der Erarbeitung von Transparenz von einmaligen Kosten nach DIN 276

In den jeweiligen Stufen werden, übertragbar auf alle Objektbereiche, u.a. nachfolgende Fragestellungen angesprochen bzw. Erkenntnisse daraus gewonnen:

Stufe I:

- In welchem Verhältnis stehen die sieben Kostengruppen jeweils zueinander (z.B. 3.0 = 100 %; 7.0 = ? %; usw.)

- Wie haben sich die Kosten des Bauwerkes (z.B. in DM/m^3 BRI) für den Objektbereich Büro- und Verwaltungsbauten langfristig entwickelt (Kostenindex) ?

Stufe II:

Da die Kosten des Bauwerkes im Regelfall den größten Anteil an den Gesamtkosten nach DIN 276 ausmachen und dies diejenige Kostengruppe ist, die die Architekten und Ingenieure durch ihre Planungsentscheidungen in erster Linie beeinflussen können, bezieht sich die Erarbeitung der Kostentransparenz dieser Stufe II nur auf die Kosten des Bauwerkes.
Der Abbildung 3-1 ist zu entnehmen, daß die Stufe II die Ausgangssituation für die Auswertungen der Stufe III darstellt.
Hierbei stellt die Stufe II eine sog. kostengruppenorientierte Auswertung dar, wobei sich "II-A" der Gliederungstiefe bei einer Kostenschätzung widmet und "II-B" sich auf die Gliederungstiefe bei einer Kostenberechnung bezieht.

Stufe III:

Während die Unterschiede der beiden Auswertungen der Stufe II hauptsächlich durch die Gliederungstiefe der ersten beiden Kostenermittlungen nach DIN 276 begründet sind, berücksichtigen die Auswertungen der Stufen "III-A" und "III-B" völlig unterschiedliche Sachverhalte:

- **Das Planen mit Gebäudeelementen (Bauwerksgeometrie)**

    Hierbei kann z.B. deutlich herausgearbeitet werden, daß bei den einzelnen Objektbereichen bestimmte Gebäudeelemente einen besonders niedrigen bzw. hohen prozentualen Anteil an den Kosten der Baukonstruktionen bzw. der Gebäudetechnik ausmachen.

- Die Vergabe der Bauleistungen nach Gewerken (Leistungsbereichen)

Während der Architekt in der Entwurfs- und Ausführungsplanung noch in den Mengen und Qualitäten der **Gebäudeelemente** "denkt", erfolgt die Vergabe dieser Mengen und Qualitäten im Regelfall nach **Gewerken** (oder sog. Leistungsbereichen). In dieser Stufe ist nochmals eine Rückkopplung zu den Wägungsanteilen (Tabellen 2-3 und 2-4) des Statistischen Bundesamtes vorzunehmen.
Des weiteren ist zu erarbeiten, welche Gewerke jeweils als sog. Leitgewerke in den Bereichen Rohbau, Ausbau und Gebäudetechnik zu bezeichnen sind.

Die Erkenntnisse dieser differenzierten Analysen der Stufe III stellen einen wichtigen Eckpfeiler in der Zielsetzung einer **Erhöhung der Kostensicherheit** in den Phasen der Vor- und Entwurfsplanung, also bei der Kostenschätzung und Kostenberechnung dar.

Im Zusammenhang mit den laufenden Kosten nach II. BV bzw. DIN 18960 sind anschließend für beide Objektbereiche nachfolgende Fragestellungen zu beantworten:

1) Welche der einzelnen Kostengruppen nach II. BV bzw. DIN 18960 haben einen besonders hohen Anteil an den laufenden Kosten?
    Lassen sich auch hierfür Kostenschwerpunkte formulieren?

2) Welche dieser Kostengruppen weisen größere Schwankungsbereiche auf?
    Worin liegen die Ursachen?

3) Sind bei beiden Objektbereichen in den letzten Jahren Verschiebungen in der Struktur der laufenden Kosten zu erkennen?
    Worin liegen die Ursachen?

Danach wird es erforderlich, für die einzelnen Kostengruppen markante Einflußgrößen darzustellen und damit eine weitere Voraussetzung für eine differenzierte Kostenpolitik der unterschiedlichen Investoren zu schaffen.

3.1 Objektbereich Verwaltungsbauten

Bei Kostenprognosen von diesen komplexen Bauobjekten ergibt sich für den Architekten und Investor das Problem, daß im Zusammenhang mit den notwendigen Kostenvergleichen nur in den seltensten Fällen Bauobjekte erstellt worden sind, die

- im gleichen Zeitraum (Bauzeit) abgewickelt worden sind,

- ähnliche Standortbedingungen vorweisen,

- hinsichtlich der Gebäudegeometrie identische Merkmale aufweisen,

- von den Ausstattungs- und Gebäudetechnikmerkmalen her vergleichbar sind,

- unter den gleichen Bedingungen vergeben worden sind.

Des weiteren verfügen die genannten Institutionen z.T. auch nur über einen äußerst begrenzten "Datenschatz" aus einem Objektbereich.

Mit der Zielsetzung, die Anzahl der "vergleichbaren" Objekte zu erhöhen, neigen immer noch viele Investoren und Architekten dazu, Bauobjekte, deren Erstellungszeitraum um bis zu 10 Jahre zurückliegt, mittels Baupreisindizes hochzurechnen und dann miteinander zu vergleichen.
Gerade für den Objektbereich Verwaltungsbauten scheint dies aber äußerst bedenklich zu sein, da hier doch in den letzten 15 Jahren gravierende Verschiebungen und Veränderungen im Bereich des "Ausbaues" und der "Gebäudetechnik" zu verzeichnen sind.

Im Rahmen dieser Arbeit ist daher für diesen Objektbereich ein anderer Weg beschritten worden.

3.1.1 Struktur der einmaligen Kosten nach DIN 276

Das vorhandene Datenmaterial soll so analysiert werden, daß Aussagen zur Entwicklung und Struktur ausgewählter Kostengruppen nach DIN 276 gemacht werden können.
Damit wird es erforderlich, insbesondere die Kostenangaben der einzelnen Bauobjekte in ihrem "Ursprungszustand" zu belassen, d.h. die Kostenangaben der Bauobjekte aus den unterschiedlichen Jahren werden nicht mit Hilfe der amtlichen Baupreisindizes auf gewählte Basisjahre hochgerechnet.

Im Zusammenhang mit dieser Analyse wird angestrebt, ebenfalls Aussagen zur Zuverlässigkeit der amtlich festgestellten Baupreisentwicklung für diesen Objektbereich zu machen.
Da für die Feststellung der Baupreisindizes von den Statistischen Landesämtern nur die Regelleistungen für Rohbau- und Ausbauarbeiten quartalsweise abgefragt werden, kann unter Beachtung dieser Randbedingung eine Einschränkung auf die Kosten des Bauwerkes (Kostengruppe 3.0 der DIN 276, Fassung 1981) vorgenommen werden.

Zum Sachverhalt der Vergleichsbasis ist anzumerken, daß die planenden Institutionen für den Objektbereich Verwaltungsbauten nachfolgende vier unterschiedliche Bemessunggrundlagen für Kostenvergleiche heranziehen:

- m^3 BRI
- m^2 BGF
- m^2 NGF
- m^2 HNF

Als Bemessungsgrundlage werden also Flächen und Rauminhalte gewählt. [78] [79]

Innerhalb dieses Kapitels sind Aussagen zu treffen, welche dieser Bemessungsgrundlagen für Kostenvergleiche und Kostenprognosen vorrangig zu verwenden sind.

Da die Erkenntnisse dieses Kapitels vorwiegend für die Festlegung eines Kostenrahmens, also für den Planungsstand

- Grundlagenermittlung (bzw. Projektdefinition)
  und
- Vorplanung

zu verwenden sind, wird die Bemessungsgrundlage "m^2 NGF" ausgeschlossen.

---

[78] Deutsches Institut für Normung e.V.: Grundflächen und Rauminhalte von Bauwerken im Hochbau, DIN 277, Teil 1, S. 1, Berlin und Köln, Juni 1987

[79] In der seit Juni 1987 gültigen Fassung der DIN 277 sind die angegebenen Abkürzungen die Kurzbezeichnungen für nachfolgende Begriffe:

BRI: Brutto-Rauminhalt
BGF: Brutto-Grundfläche
NGF: Netto-Grundfläche
HNF: Hauptnutzfläche

Es ist sicherlich möglich, daß der Investor dem Architekten die Summe der notwendigen Quadratmeter NGF vorgibt, die Kontrolle dieser Vorgabe ist aufgrund des Maßstabes und des Detaillierungsgrades der Planunterlagen zu diesem Zeitpunkt nur äußerst schwer möglich.

Da im Rahmen dieser Arbeit unterschiedliche Analysen **durchgängig** auf der Grundlage **einer** Bemessungsgrundlage erfolgen sollen, ist es notwendig, sich entweder für m^2 HNF, m^2 BGF oder m^3 BRI zu entscheiden.
Bevor dies erfolgt, ist jedoch festzulegen, wie diese Flächen und der Rauminhalt untereinander jeweils in Beziehung stehen. Hieraus lassen sich nämlich differenzierte Kennzahlen wie:

- (1) BRI/BGF
- (2) HNF/BGF
- (3) BRI/HNF

bilden. Was sagen diese Kennzahlen aus?

Der Faktor BRI/BGF gibt in erster Linie die durchschnittliche Geschoßhöhe des Gebäudes wieder. Eine Auswertung des gesamten Vergleichspotentials weist einen arithm. Mittelwert der Kennzahl BRI/BGF von 3,80 auf.
Hierbei ist jedoch zu beobachten, daß insbesondere größere Bauobjekte der "neueren Generation" einen erhöhten Faktor BRI/BGF aufweisen (Stichwort: Doppelböden).
Die Kennzahl HNF/BGF stellt eine wichtige Beurteilungsgrundlage eines Entwurfes hinsichtlich seiner Wirtschaftlichkeit dar. Diese Kennzahl zeigt dem Investor, wieviel Prozent der gesamten Fläche (BGF) des Bauobjektes tatsächlich als Hauptnutzfläche (HNF) bereitgestellt und damit überwiegend genutzt bzw. vermietet werden kann.

Das gesamte Vergleichspotential weist einen arithm. Mittelwert von 0,54 % bei einer Streuung von 0,34% bis 0,75% auf.
Da die einmaligen Kosten in erster Linie vom gesamten Kubus des Bauobjektes beeinflußt werden, ist es ebenso wichtig, die Kennzahl BRI/HNF in die Beurteilung des Entwurfes einzubeziehen. Anhand dieser Kennzahl kann dargestellt werden, wieviel m^3 BRI notwendig sind, damit 1 m^2 HNF entsprechend bereitgestellt werden kann. Der arithm. Mittelwert des analysierten Vergleichsotentials beträgt 7,33 bei einer Streuung von 4,52 bis 10,26.
Die breite Streuung der beiden Kennzahlen HNF/BGF und BRI/HNF zeigt, daß die Bemessungsgrundlage "m^2 HNF" zur Darstellung der langfristigen Entwicklung der Kosten des Bauwerkes nicht geeignet ist.

Die beiden Bemessungsgrundlagen "m^3 BRI" und "m^2 BGF" sind gleichrangig zu behandeln, der Verfasser hat sich für die Basis "m^3 BRI" entschieden.

Weiterhin ist zu beachten, daß je nach Objektgröße Bauzeiten bis zu 24 Monate (z.T. auch länger) bei den einzelnen Bauobjekten zu berücksichtigen sind.
Daraus folgt die Problemstellung, welchem Zeitpunkt (Quartal eines Jahres) die entsprechenden Kostenangaben des Bauobjektes zuzuordnen sind.
Umfangreiche Untersuchungen haben ergeben, daß der Hauptvergabezeitpunkt komplexer Bauobjekte etwa beim ersten Drittel der Bauzeit liegt. [80]
Zu diesem Zeitpunkt sind also bereits über 50 Prozent des gesamten Auftragsvolumens an die Baufirmen vergeben. Dieser Sachverhalt rechtfertigt die Annahme, die Kostenangaben der abgewickelten Bauvorhaben somit dem Quartal der Hauptvergabezeit zuzuordnen.

Damit wird es erforderlich, die arithmetischen Mittelwerte (Kosten des Bauwerkes incl. MwSt.) in DM/m^3 BRI aller Bauobjekte für jedes Jahr zu ermitteln.
Bei dieser Berechnung finden alle Objekte Berücksichtigung, die dem I. - IV. Quartal zugeordnet worden sind. Der ermittelte arithmetische Mittelwert ist dann im zweiten Schritt noch mit dem sog. Medianwert [81] zu vergleichen. Durch diese Kontrolle wird vermieden, daß die Aussagefähigkeit des arithmetischen Mittelwertes evtl. in Frage gestellt wird. So wäre es durchaus möglich, bei geringer Anzahl der Objekte durch die weitere Einbeziehung "teurer" bzw. "billiger" Objekte den arithmetischen Mittelwert jeweils deutlich nach oben bzw. unten zu beeinflussen.
Eine Überprüfung hat aber ergeben, daß die Abweichung beider Kurven unter Beachtung der großen Anzahl der Objekte äußerst gering ist.

Eine Analyse des **Verlaufes** der "Kosten des Bauwerkes" auf der Basis der Bemessungsgrundlage m^3 BRI macht es erforderlich, ein bestimmtes Jahr als Basis zu verwenden.

---

[80] vgl. hierzu auch: Sommer, H.R.: Kostensteuerung von Hochbauten, Wiesbaden und Berlin 1983, S. 50

[81] Ordnet man n Beziehungszahlen "DM/m^3 BRI" der Größe nach, also vom kleinsten zum größten Wert, so steht der Median- oder Zentralwert x in der Mitte der gesamten Reihe.

Da innerhalb dieses Kapitels ein Langzeitvergleich mit der Entwicklung des Baupreisindexes für Bürogebäude angestrebt wird, wird das Jahr 1970 = 100 gewählt. Der Verlauf der beiden Kurven ist der nachfolgenden Abbildung 3-2 zu entnehmen.

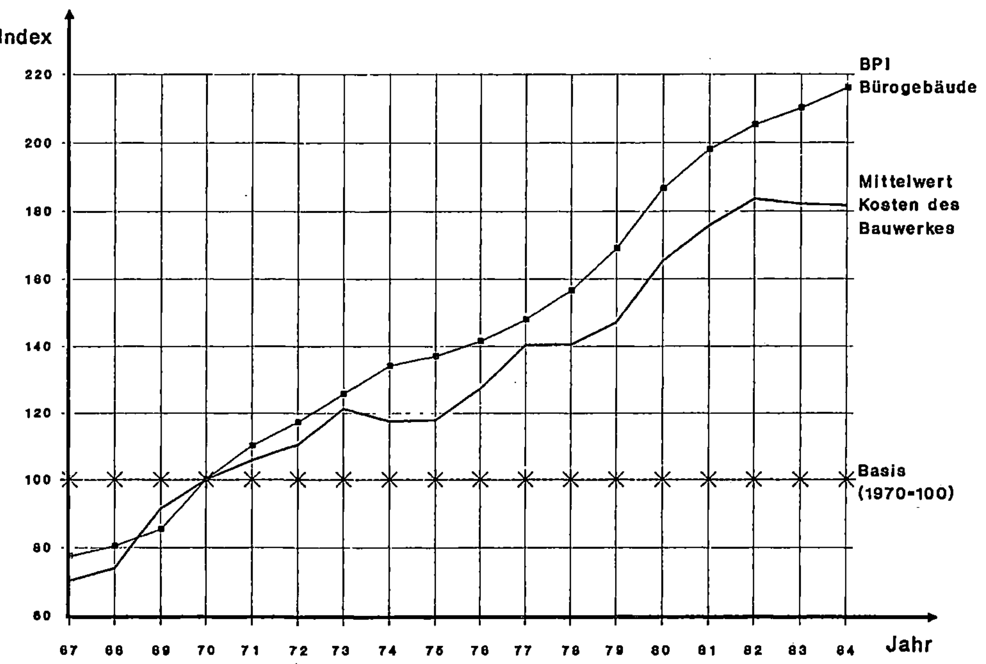

Abb. 3-2:   Entwicklung des Mittelwertes für die Kosten des Bauwerkes im Vergleich zum Baupreisindex für Bürogebäude

Diese beiden unterschiedlichen Kurven zeigen, daß beim BPI (Baupreisindex) für Bürogebäude in den letzten 20 Jahren für jedes Jahr eine Steigerung zu verzeichnen ist.

Aus der Kurve "Kosten des Bauwerkes" bezogen auf m^3 BRI sind dagegen nachfolgende Sachverhalte abzulesen:

a)   die enormen Steigerungen von 1968 bis 1973,

b)   der konjunkturelle Einbruch der Jahre 1974 bis 1976,

c)   die geringeren Steigerungen der Jahre 1977 bis 1982,

d)   die Stagnation bzw. ein geringer konjunktureller Einbruch seit 1983.

Im nächsten Schritt ist zu untersuchen, ob im Bereich der Baukonstruktionen (3.1 nach DIN 276) und der Gebäudetechnik (3.2/3.3 nach DIN 276) im Vergleich zu den Kosten des Bauwerkes eine unterschiedliche Entwicklung vorliegt. Zur Klärung dieser Fragestellung sind für die Jahre 1967 - 1984 ebenfalls die arithmetischen Mittelwerte "DM/m^3 BRI" für die Kostengruppen 3.1 bzw. 3.2/3.3 ermittelt worden.

Nachfolgende Abb. 3-3 gibt den unterschiedlichen Verlauf der Kurven "DM/m^3 BRI" für

- 3.0 (Bauwerk)
- 3.1 (Baukonstruktionen)
- 3.2/3.3 (Gebäudetechnik)

wieder.

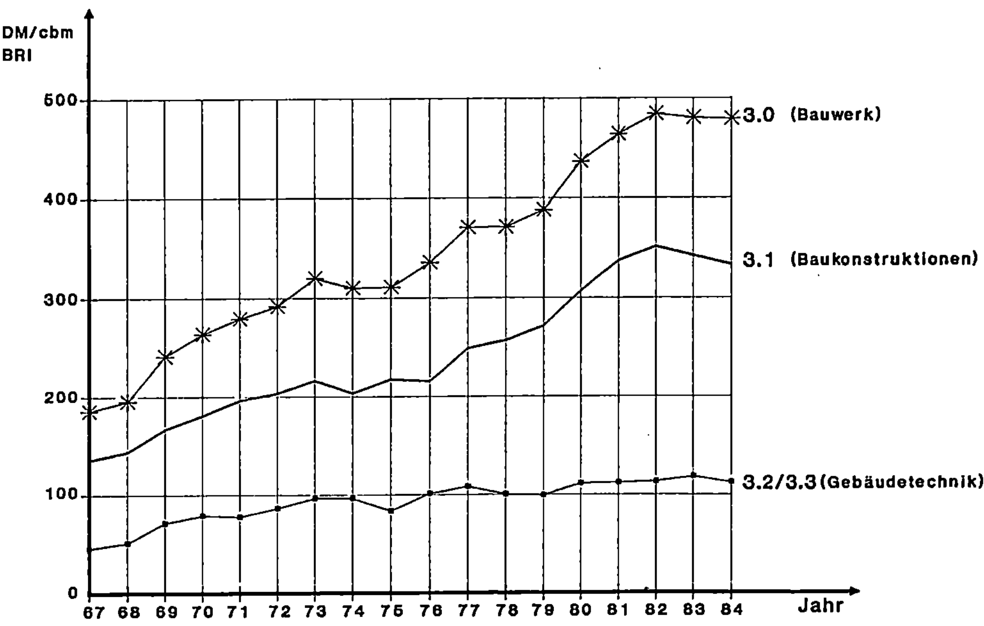

Abb. 3-3: Langfristige Entwicklung der Mittelwerte für die Kostengruppen 3.0, 3.1 und 3.2/3.3 auf der Basis der Bemessungsgrundlage m^3 BRI

3.1.2 Kosteneinflußgrößen bei den einmaligen Kosten

Bauherren, Architekten und Ingenieure können die einmaligen Kosten nur dann entscheidend beeinflussen, wenn sie genaue Erkenntnisse darüber haben, wodurch diese Kosten in der Regel verursacht werden und wo die Kostenschwerpunkte liegen.
Hierfür zeichnen eine Vielzahl von Faktoren bzw. Einflüssen verantwortlich.

In den letzten beiden Jahrzehnten wurden unterschiedliche Ansätze einer systematischen Darstellung möglicher Kosteneinflußgrößen erarbeitet.

Im Jahre 1976 gliederte Pfarr [82] die Kosteneinflußgrößen eines Bauwerkes nach fünf Kriterien:

- objektbedingt
- standortbedingt
- herstellungsbedingt
- umweltbedingt
- nutzungsbedingt.

Im Baukostenhandbuch der Architektenkammer Baden-Württemberg gab Weiss [83] als Stichworte hierfür an:

- Nutzung
- Standort
- Markt
- Konstruktion
- Technischer Ausbau.

Im Jahre 1981 unterschied Berger [84] nach:

- Nutzungs-,
- Markt- und Finanzierungs-,
- Standort- und
- Bauwerkseinflüssen.

---

[82] Pfarr, Karlheinz: Handbuch ..., a.a.O., Abb. 63, S. 108

[83] Verfasser des Baukosten-Handbuches, Stand: Stuttgart, Mai 1980, S. 15

[84] Berger, Volker: Die Neufassung der DIN 276 - Baukostenplanung mit Gebäudeelementen, in: Planung und Kontrolle von Bauinvestitionen, Expert Verlag 1981, S. 46

Diese drei ausgewählten Möglichkeiten der Gliederung von Kosteneinflußgrößen weisen keine gravierenden Unterschiede auf. Hauptproblem für den
Anwender stellt vielmehr die entsprechende Wertung und damit der Einfluß
einzelner Faktoren auf den Kostenkennwert DM/m^3 BRI dar.
In diesem Kapitel stehen jedoch die qualitativen (Standard in den Bereichen
Rohbau, Ausbau und Gebäudetechnik) und quantitativen Einflüsse (Bauwerksgeometrie, Objektgröße) im Vordergrund.
Nachdem im Rahmen des Punktes 3.1.1 lediglich die Entwicklung der Mittelwerte "DM/m^3 BRI" im zeitlichen Verlauf von 1967 - 1984 herausgearbeitet
wurde, ist jetzt zu analysieren, in welcher Größenordnung beim gesamten Vergleichspotential jeweils Abweichungen von diesen Kurven zu beachten sind.

Stufe I:

Diese erste Stufe hat zum Ziel, neben einer Darstellung der Bandbreite der
Abweichungen der Kosten des Bauwerkes aller 281 Bauobjekte zur Mittelwertkurve "3.0 in DM/m^3 BRI", eine erste, mögliche Einflußgröße auf die Lage des
entsprechenden Kostenkennwertes im gesamten Streufeld einzubeziehen.

Hierbei handelt es sich um die **Objektgröße**. Als Objektgröße wird in diesem
Fall der "m^3 BRI" definiert.

Auch Bürogebäude von Bauherren, die in kurzen Zeitabständen mehrere Bauobjekte erstellen, weisen höchst selten eine völlig identische Objektgröße auf.
Wenn nun noch Bauobjekte über einen längeren Zeitraum (1967 - 1984) und
von unterschiedlichen Institutionen (Bauherren) analysiert werden sollen, so ist
zu vermuten, daß hinsichtlich der Objektgröße eine breite Streuung vorhanden
ist. Eine Durchsicht der Objekte hinsichtlich der Objektgröße zeigt, daß sowohl
Objekte mit 10.000 m^3 BRI als auch mit 150.000 m^3 BRI zu berücksichtigen
sind.

Auf der Grundlage einer Häufigkeitsverteilung können die Bürogebäude somit
von der Objektgröße her in drei unterschiedliche Kategorien eingeteilt werden:

- Kategorie A: Objekte mit einem BRI bis zu 17.500 m^3
- Kategorie B: Objekte mit einem BRI von 17.501 bis 49.999 m^3
- Kategorie C: Objekte mit einem BRI ab 50.000 m^3

Eine Auswertung der Häufigkeitsverteilung zeigt, daß von allen 281 Bauobjekten 28 Prozent der Kategorie A ("kleine" Objekte), 39 Prozent der Kategorie B ("mittlere" Objekte) und 33 Prozent der Kategorie C ("große" Objekte)
zuzuordnen sind.

Zur Darstellung der Objektgröße wird nachfolgende Kennzeichnung vorgesehen:

▲   Kategorie A: bis 17.500 m^3 BRI

■   Kategorie B: von 17.501 bis 49.999 m^3 BRI

●   .   Kategorie C: ab 50.000 m^3 BRI.

Der nachfolgenden Abbildung 3-4 kann das gesamte Streufeld des Vergleichspotentials von 281 Bauobjekten entnommen werden.
Die eingezeichnete Mittelwertkurve (Kosten des Bauwerkes in DM/m^3 BRI) entspricht hierbei der oberen Kurve der Abbildung 3-3.
Zur Eingrenzung und Lokalisierung der Kostenkennwerte aller 281 Bauobjekte
werden drei gestaffelte prozentuale Abweichungskurven von den jeweiligen
Mittelwerten definiert, nämlich

- 15 %
- 25 %
- 40 %.

Berücksichtigt man, daß die Abweichungen nach oben und unten möglich
sind, so können anschließend alle Objekte in den Streubereichen

- A: + 40 %
- B: + 25 %
- C: + 15 %
- D: - 15 %
- E: - 25 %
- F: - 40 %

lokalisiert und analysiert werden.

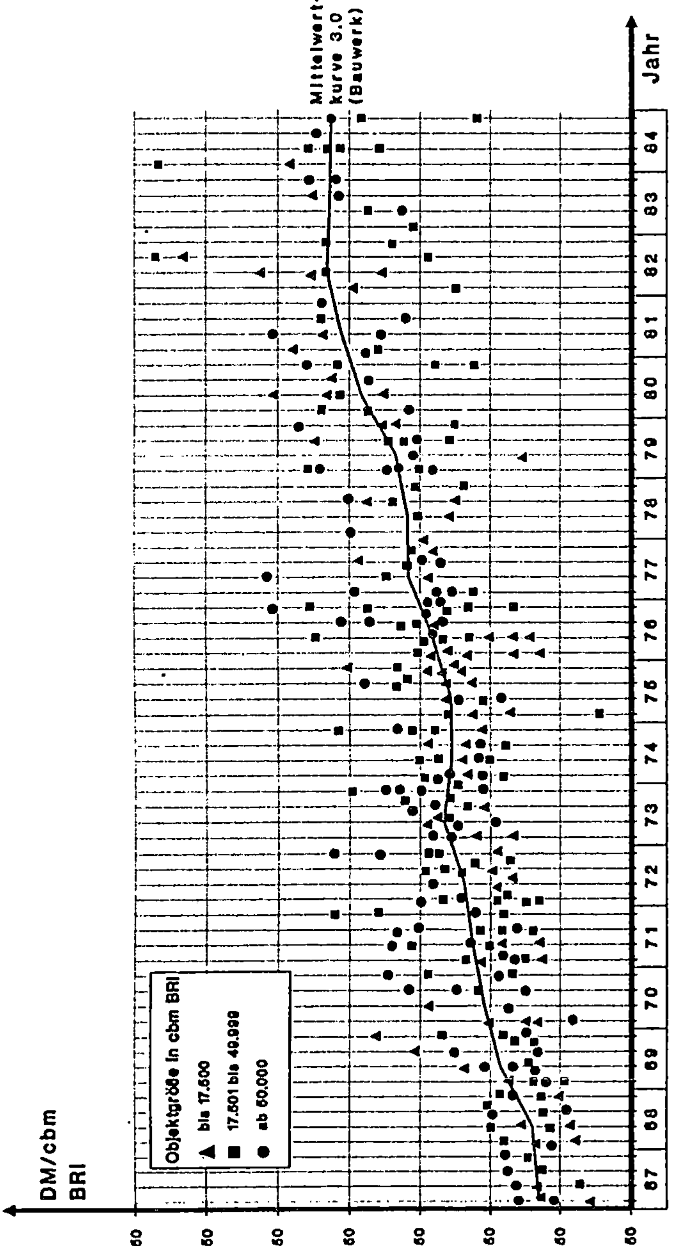

Abb. 3-4: Darstellung des Streufeldes der Kostenkennwerte "3.0 in DM/m³ BRI" des Vergleichspotentials von 281 Bauobjekten

In dieser ersten Stufe wird neben der Darstellung des Einflusses der **Objekt-größe** auf die Lage in den sechs unterschiedlichen Streubereichen auch eine erste Analyse der **Gebäudetechnik** angestrebt.

Die Auswertung des gesamten Vergleichspotentials von 281 Bauobjekten hat ergeben, daß das sog. Installationsfreie Gehäuse [85], die Kostengruppe 3.1 (Baukonstruktionen), durchschnittlich einen Anteil von 70 Prozent an den Kosten des Bauwerkes ausmacht. Daraus läßt sich unmittelbar folgern, daß der Anteil der Gebäudetechnik im Mittel bei etwa 30 Prozent liegt.
Es ist daher darzustellen, ob es **Abhängigkeiten** zwischen der **Objektgröße** und der **Gebäudetechnik** gibt.

Für diese Grobanalyse werden daher die Bauobjekte hinsichtlich der Gebäude-technik ebenfalls drei unterschiedlichen Kategorien zugeordnet.

Als Bemessungsgrundlage wird für diesen Sachverhalt der "Technisierungs-grad" (TG) definiert.
Hier bieten sich zwei unterschiedliche Möglichkeiten an:

a)   Man bezieht die Gebäudetechnik auf die Kosten des Bauwerkes, also den prozentualen Anteil der KG 3.2/3.3 an 3.0. Dieser wird als TG I definiert.

b)   Man bezieht die Gebäudetechnik auf das installationsfreie Gehäuse (Bau-konstruktionen), also den prozentualen Anteil der KG 3.2/3.3 an 3.1. Dieser wird als TG II definiert.

Da das gesamte Streufeld "Kosten des Bauwerkes in DM/m^3 BRI" zu analysie-ren ist, wird für diesen Zweck der TG I herangezogen.
Eine Durchsicht der Objekte hinsichtlich Technisierungsgrad I zeigt, daß sowohl Objekte mit einem TG I von 12 Prozent als auch von 50 Prozent zu berücksichtigen sind. Auch für den TG I ist demnach eine breite Streuung vor-handen.

---

[85]   vgl. Graul, H.-J.: Richtwerte im Hochbau: Ein Beitrag zur Theorie und Praxis der kostenorientierten Planung, Düsseldorf, S. 10

Auf der Grundlage einer Häufigkeitsverteilung können die Bürogebäude somit vom Technisierungsgrad I her in drei unterschiedliche Kategorien eingeteilt werden:

- Kategorie A: Objekte mit einem Technisierungsgrad I bis 22,4 %

- Kategorie B: Objekte mit einem Technisierungsgrad I von 22,5 bis 32,4 %

- Kategorie C: Objekte mit einem Technisierungsgrad I ab 32,5 %.

Eine Auswertung der Häufigkeitsverteilung zeigt, daß von allen Bauobjekten 34 Prozent der Kategorie A ("geringer" Technisierungsgrad I), 36 Prozent der Kategorie B ("mittlerer" TG I) und 30 Prozent der Kategorie C ("hoher" TG I) zuzuordnen sind.

Zur Darstellung eventueller Abhängigkeiten zwischen Objektgröße und Technisierungsgrad werden alle Bauobjekte des Streufeldes "3.0 in DM/m^3 BRI" der Abbildung 3-4 herangezogen.

Zur Darstellung des **Technisierungsgrades I** ist daher, unter Einbeziehung der Kennzeichnung nach Objektgrößen, nachfolgende differenzierte Kennzeichnung zu beachten:

△ ▣ ◎	Kategorie A:	bis 22,4 %
▲ ▨ ◉	Kategorie B:	22,5 bis 32,4 %
▲ ■ ●	Kategorie C:	ab 32,5 %

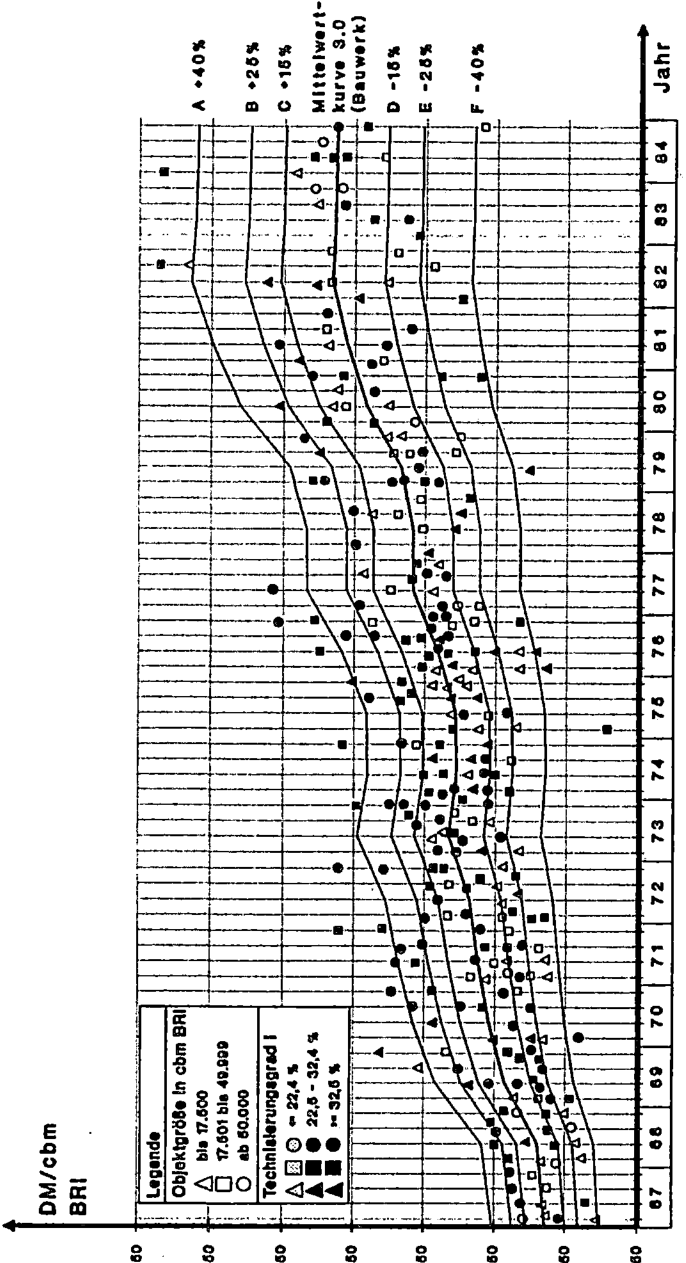

Abb. 3-5: Der Einfluß der Objektgröße und des Technisierungsgrades I auf die Lage des Vergleichspotentials in den Streubereichen A bis F

Abbildung 3-5 vermittelt dem Betrachter folgende Erkenntnisse:

- Bauobjekte, die oberhalb der Kurve des arithmetischen Mittelwertes "DM/m^3 BRI" liegen, zeichnen sich nicht immer durch eine extreme Objektgröße ("große" Objekte) und "hohen" Technisierungsgrad aus.

- "Mittlere" Objektgröße hat nicht in jedem Falle immer "mittleren" Technisierungsgrad I zur Folge (ähnliches läßt sich auch für die anderen Kategorien ermitteln).

- Von den 76 Bauobjekten, die eine Objektgröße von unter 17.501 m^3 BRI (Kategorie A) aufweisen, ist bei 12 Bauobjekten (also nur rd. 16 Prozent dieser Kategorie) ein "hoher" Technisierungsgrad zu erkennen.

  Daraus läßt sich unmittelbar schließen, daß sich das Vergleichspotential der "kleinen" Bauobjekte in der Regel durch "geringen" und "mittleren" Technisierungsgrad I auszeichnet.

- Als weitere Tendenz kann abgelesen werden, daß der Schwerpunkt der Bauobjekte mit "hohem" Technisierungsgrad I im Zeitraum von 1968 bis 1976 liegt. Als Erklärung für die Abnahme des Technisierungsgrades I ab 1977 sind die beiden unteren Kurven der Abbildung 3-3 heranzuziehen.

  Die Kurve "Baukonstruktionen" zeichnet sich bis 1982 durch überproportionale Steigerungen aus, während die Kurve "Gebäudetechnik" ab 1977 kaum größere Steigerungen aufweist.

Stufe II:

In dieser weiteren Bearbeitungsstufe wird jetzt die Kostengruppe 3.1 (Baukonstruktionen) als **installationsfreies Gehäuse** als Bezugsgröße gewählt.
Hiermit ist ein Mengenanteil gewählt worden, der den höchsten Anteil bei der Kostenbildung ausmacht und der für alle Büro- und Verwaltungsbauten charakteristische Gemeinsamkeiten aufweist.

Eine Analyse des gesamten Vergleichspotentials hat ergeben, daß die Kosten der Baukonstruktionen (3.1 nach DIN 276) durchschnittlich einen Anteil von 70 Prozent an den Kosten des Bauwerkes ausmachen. Da aber auch hier eine Bandbreite von 52,5 bis 83,5 Prozent vorliegt, wird der Versuch unternommen, in der Kurve der Mittelwerte "3.1 in DM/m^3 BRI" mit den entsprechenden Streubereichen das gesamte Vergleichspotential zu analysieren.
Abbildung 3-3 hat gezeigt, daß der Verlauf der Kurven "3.0 in DM/m^3 BRI" und "3.1 in DM/m^3 BRI" keine eklatanten Abweichungen aufweist, jedoch ermög-

licht dieses Streufeld noch keine Aussage darüber, ob die Ursache der Lage der Objekte in den Streubereichen im Bereich **Rohbau** oder im Bereich **Ausbau** zu suchen ist.

Zur Klärung der Fragestellung, ob die Ursache der "Lage" der jeweiligen Objekte in den Bereichen **Rohbau** oder **Ausbau** liegt, werden die vier "Untergruppen" der Kosten der Baukonstruktionen, die Kostengruppen

- 3.1.1: Gründung
- 3.1.2: Tragkonstruktionen
- 3.1.3: Nichttragende Konstruktionen
- 3.1.9: Sonstige Konstruktionen

jeweils den Bereichen **Rohbau** und **Ausbau** zugeordnet.

Danach setzt sich der Rohbau aus den Kostengruppen 3.1.1 , 3.1.2 und 3.1.9 zusammen, während die Kostengruppe 3.1.3 dem Ausbau zugerechnet wird. Diese Grobeinteilung reicht für einen langfristigen Vergleich aus.

Da die Kostengliederung der DIN 276 aus dem Jahre 1971 die oben aufgeführte Unterteilung der Kosten der Baukonstruktionen nicht vorsah, ist es also nicht möglich, das gesamte Vergleichspotential von 281 Bauobjekten hierbei zu berücksichtigen.
Aus dem gesamten Streufeld "3.1 in DM/m^3 BRI" (ab 1973) können somit 79 Bauobjekte nach diesen Kriterien analysiert werden.

Für diese Grobanalyse werden die Objekte wiederum drei unterschiedlichen Kategorien zugeordnet. Als Bemessungsgrundlage wird der sog. Ausbaugrad definiert. Unter dem Begriff **Ausbaugrad** soll im Rahmen der weiteren Ausführungen der prozentuale Anteil des Ausbaus an der Kostengruppe 3.1 (Baukonstruktionen) verstanden werden.

Eine Durchsicht der Objekte hinsichtlich des Ausbaugrades zeigt, daß sowohl Objekte mit einem Ausbaugrad von 40 Prozent als auch von 70 Prozent zu berücksichtigen sind.
Auf der Grundlage einer Häufigkeitsverteilung können die Büro- und Verwaltungsbauten vom Ausbaugrad her in nachfolgende drei unterschiedliche Kategorien eingeteilt werden:

- Kategorie A: Ausbaugrad bis zu 55,5%
- Kategorie B: Ausbaugrad von 55,6 bis 62,5%
- Kategorie C: Ausbaugrad ab 62,6%

Eine Auswertung der Häufigkeitsverteilung zeigt, daß von allen 79 Bauobjekten 22 Prozent der Kategorie A (geringer Ausbaugrad), 46 Prozent der Kategorie B (mittlerer Ausbaugrad) und 32 Prozent der Kategorie C (hoher Ausbaugrad) zuzuordnen sind.

Greift man nochmals auf die bereits in der Abbildung 3-4 berücksichtigte Darstellungsart der Objektgrößen-Kategorien zurück, so läßt sich jetzt der Einfluß des Ausbaugrades auf die Lage des Objektes im Streufeld "3.1 in DM/m^3 BRI" unter Einbeziehung der Objektgröße darstellen.

Hierbei sind nachfolgende differenzierte Kennzeichnungen zu beachten:

△ ▢ ◉	Kategorie A:	Ausbaugrad bis zu 55,5 %
▲ ▦ ◉	Kategorie B:	Ausbaugrad von 55,6 bis 62,5 %
▲ ■ ●	Kategorie C:	Ausbaugrad ab 62,6 %.

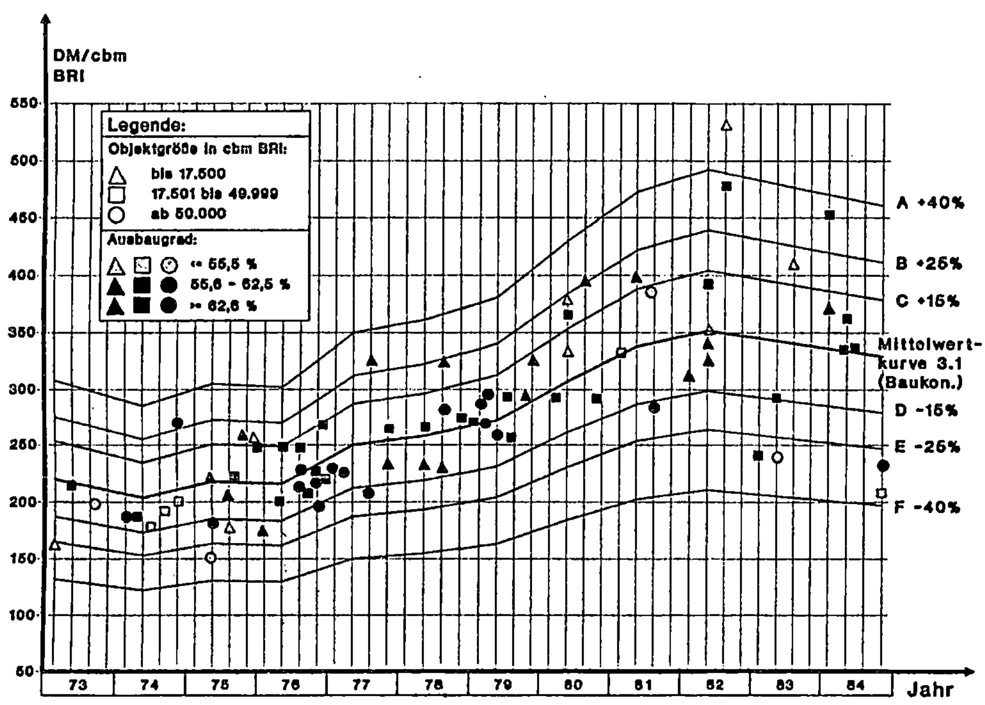

Abb. 3-6: Darstellung des Streufeldes der Kostenkennwerte "3.1 in DM/m^3 BRI" und Kennzeichnung des **Ausbaugrades**

Der Abbildung 3-6 ist zu entnehmen, daß:

- jeweils die Hälfte des Vergleichspotentials von 79 Bauobjekten oberhalb (40 Bauobjekte) und unterhalb (39 Bauobjekte) der Kurve des arithmetischen Mittelwertes für die Kosten der Baukonstruktionen aller Bauobjekte liegen;

- von diesen 79 Bauobjekten 54, also mehr als zwei Drittel der Bauobjekte, innerhalb des $^+/-$ 15-Prozent-Streubereiches liegen;

- von diesen 54 Bauobjekten, die innerhalb des $^+/-$ 15-Prozent-Streubereiches liegen, 15 % der Kategorie A, 48 % der Kategorie B und 37 % der Kategorie C zuzurechnen sind.

Die angegebenen Tendenzen zeigen, daß der definierte Ausbaugrad keine abschließende Aussage zur "Lage" der Bauobjekte in den unterschiedlichen Streubereichen erlaubt.

Weitere Sachverhalte zu den Kosten der Baukonstruktionen sind im Rahmen der weiteren Feinanalyse der Stufe III zu untersuchen.

Stufe III:

Die in den Abbildungen 3-4 bis 3-6 festgestellten Bandbreiten der jeweiligen Kostenkennwerte lassen es notwendig werden, an ausgewählten Bauobjekten der jüngeren Baugeneration (1975 - 1984) das umfangreiche Datenmaterial detaillierter auszuwerten, damit anhand wichtiger Kennzahlen Aussagen über sogenannte **Kostenschwerpunkte** im Bereich der Baukonstruktionen und der Gebäudetechnik gemacht werden können.

Für den Komplex der Baukonstruktionen müßte daher gemäß 3.Stelle der Gliederungssystematik der DIN 276 eine Unterteilung in die Kostengruppen

- 3.1.1 Gründung
- 3.1.2 Tragkonstruktionen
- 3.1.3 Nichttragende Konstruktionen
- 3.1.9 Sonstige Konstruktionen

vorgenommen werden.

Da diese Untergliederung nicht den Ansprüchen an die geforderte Transparenz der Kosten genügt, werden für die Kosten der Baukonstruktionen zwei andere Möglichkeiten gewählt:

- Stufe III-A: Differenzierung der Baukonstruktionen nach den fünf Gebäudeelementen (Grobelemente)

- Stufe III-B: Unterteilung der Baukonstruktionen in Rohbau- und Ausbaugewerke.

Stufe III-A: Analyse der Gebäudeelemente

Die Baukonstruktionen können gemäß DIN 276 (Fassung 1981) entsprechend der aufgeführten 4. Gliederungsstelle in Bauteile oder Bauelemente untergliedert werden.
Auf dieser Grundlage wurde von der Architektenkammer Baden-Württemberg das Verfahren 2:

Kostenschätzung mit Einheitspreisen von Grobelementen als Besondere Leistung nach HOAI entwickelt. [86]
Als Grobelemente wurden deklariert:

- Basisfläche (BAF)
- Außenwandfläche (AWF)
- Innenwandfläche (IWF)
- Horizontale Trennfläche (HTF)
- Dachfläche (DAF).

Ein wesentlicher Vorteil dieses Verfahrens ist darin zu sehen, daß auf der Grundlage einer Kostenschätzung, die also das Mengengerüst des Bauwerkes exakt einbeziehen kann, die kostenwirksamen Auswirkungen von Planungsänderungen ebenfalls ermittelt werden können.

Bei einer begrenzten Anzahl von 38 Bauobjekten der Jahre 1975 bis 1984 liegen Kostenfeststellungen vor, die es ermöglichen, eine Auswertung hinsichtlich der Kostenschwerpunkte im Bereich der Grobelemente vorzunehmen.

---

[86] Baukosten-Handbuch: ..., a.a.O., S. 51 ff.

Die Auswertung dieses Vergleichspotentials ergab nachfolgende durchschnittliche prozentuale Verteilung der Kosten der Baukonstruktionen auf die Grobelemente:

- Basisfläche (BAF)   :   8,4 %

- Außenwandfläche (AWF)   :   33,1 %

- Innenwandfläche (IWF)   :   20,0 %

- Horizontale Trennfläche (HTF)   :   22,8 %

- Dachfläche (DAF)   :   11,3 %

- Sonstiges (z.B. Baustelleneinrichtung)   :   4,4 %.

Diese Zusammenstellung zeigt, daß der Kostenschwerpunkt im Bereich der Baukonstruktionen eindeutig bei der **Außenwand** liegt.

Blickt man nochmals auf Abbildung 3-6 mit den Streubereichen der Kostenkennwerte für die Baukonstruktionen zurück, so wäre es jetzt möglich, Aussagen darüber zu treffen, welches Grobelement evtl. für die Lage oberhalb bzw. unterhalb der Mittelwertkurve verantwortlich zeichnet.
Als Vergleichspotential werden jeweils drei Bauobjekte der Jahre 1975 bis 1984 herangezogen.

Nachfolgender Abbildung 3-7 ist die jeweilige Lage des Vergleichspotentials von 30 Bauobjekten in den Streubereichen "Baukonstruktionen in DM/m^3 BRI" zu entnehmen.
Es ist zu erkennen, daß 70 Prozent (21 Objekte) des Vergleichspotentials oberhalb der Kurve des arithm. Mittelwertes aller Bauobjekte liegen.

Der Anlage 3 im Anhang ist zu entnehmen, welche Grobelemente, unter Berücksichtigung von Objektgröße und Bauwerksgeometrie, entscheidenden Einfluß auf die Höhe des Kostenkennwertes für Baukonstruktionen genommen haben.

Wirft man nochmals einen Blick auf Abbildung 3-7, so wird erkennbar, daß vier Objekte oberhalb der Kurve B (Abweichungen von über 25 Prozent vom arithm. Mittelwert für die Kostengruppe 3.1) zu finden sind.
Die linke Hälfte (DM/m^3 BRI) der Anlage 3 zeigt, daß es sich hierbei um die Objekte 271 (im Jahre 1977), 481 (1982), 480 (1983) und 477 (1984) handelt.

Der rechten Hälfte (prozentualer Anteil der Gebäudeelemente) der Anlage 3 ist
dann zu entnehmen, daß die Ursache der "Lage" dieser vier Objekte oberhalb
der 25-Prozent-Kurve bei nachfolgenden Gebäudeelementen zu suchen ist:

- Objekt 271: Dach
- Objekt 481: Außenwand/Dach
- Objekt 480: Außenwand
- Objekt 477: Außenwand/Dach

Diese Anmerkungen sind zunächst als ausreichend zu betrachten.
Im Kapitel 3.3 ist nochmals darauf einzugehen, wie diese gewonnenen
Erkenntnisse einen Beitrag zur Erhöhung der Kostensicherheit liefern können.

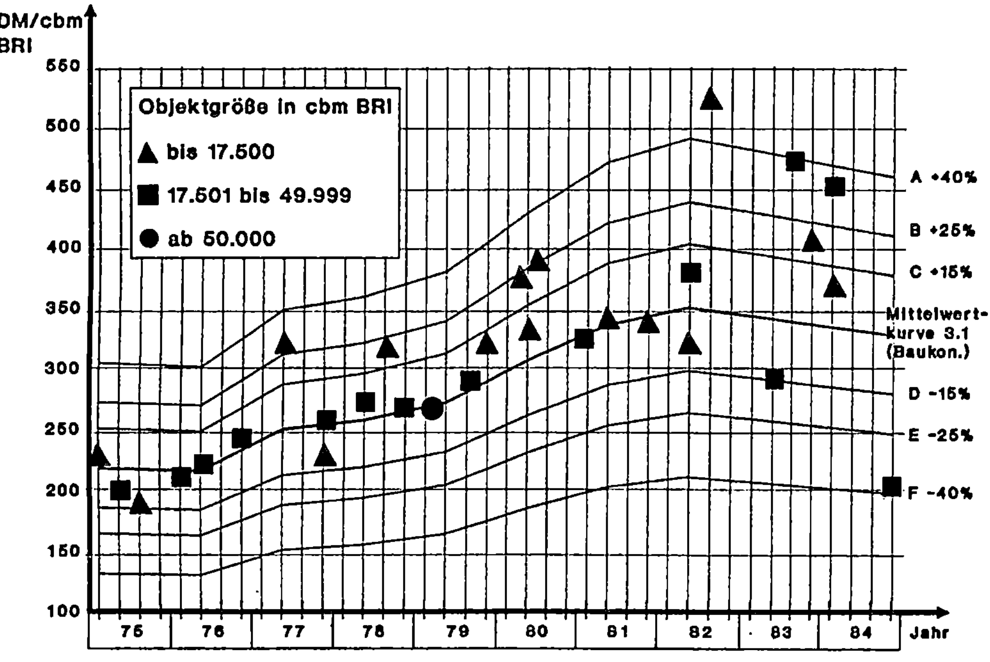

Abb. 3-7:	Lage des Vergleichspotentials der Analysestufe III in den Streu-
bereichen "Baukonstruktionen in DM/m^3 BRI" aller Bauobjekte der
Jahre 1975 - 1984

Analyse der Gebäudetechnik

Für den Bereich Gebäudetechnik (3.2/3.3 nach DIN 276) sieht die DIN 276 entsprechend der 3. Stelle der Gliederungssystematik eine Untergliederung in:

- 3.2.1/3.3.1: Abwasser
- 3.2.2/3.3.2: Wasser
- 3.2.3/3.3.3: Heizung
- 3.2.4/3.3.4: Gase
- 3.2.5/3.3.5: Elektrischer Strom, Blitzschutz
- 3.2.6/3.3.6: Fernmeldetechnik
- 3.2.7/3.3.7: Raumlufttechnik
- 3.2.8/3.3.8: Fördertechnik
- 3.2.9/3.3.9: Sonstiges

vor.

Da, wie bereits an anderer Stelle analysiert, der Anteil der gesamten Gebäudetechnik im Durchschnitt nur 30 Prozent an den Kosten des Bauwerkes ausmacht, wird deutlich, daß bei einer weiteren Untergliederung dieses Komplexes in neun weitere Kostengruppen sich bei den einzelnen Kostengruppen äußerst geringe prozentuale Anteile ergeben würden.
Daher wird eine Verringerung auf sechs Elemente der Gebäudetechnik vorgenommen:

- Element A: Abwasser/Wasser
- Element B: Heizung
- Element C: Klima/Lüftung
- Element D: Elektrischer Strom/Blitzschutz/Fernmeldetechnik
- Element E: Fördertechnik
- Element F: Sonstiges

Bei der weiteren Bearbeitung ist also der Frage nachzugehen: Nach welchen Kriterien können diese sechs Elemente der Gebäudetechnik analysiert werden, welche einheitlichen Bemessungsgrundlagen bieten sich an und welche Kostenschwerpunkte bzw. Einflußgrößen lassen sich formulieren ?
Als Vergleichspotential dienen ebenfalls alle 79 Bauobjekte, die im Zusammenhang mit der Analyse des Ausbaugrades (vgl. Abb. 3-6) Berücksichtigung fanden.

Die sechs Elemente der Gebäudetechnik werden unter dem Gesichtspunkt der nachstehend aufgeführten Kriterien analysiert:

a) Kosten je Element bezogen auf den m^3 BRI

b) Prozentuale Verteilung der einzelnen Elemente (3.2/3.3 = 100%)

c) Prozentualer Anteil der einzelnen Gebäudetechnikelemente bezogen auf das installationsfreie Gehäuse (3.1 Baukonstruktionen);
    Stichwort: Technisierungsgrad II.

zu b) Setzt man die Summe dieser sechs Elemente gleich 100 Prozent, so ergibt das Vergleichspotential eine durchschnittliche prozentuale Verteilung von:

- Element A : 12,8 % (Abwasser/Wasser)
- Element B : 17,8 % (Heizung)
- Element C : 25,0 % (Klima/Lüftung)
- Element D : 34,8 % (Elektrischer Strom/Blitzschutz/ Fernmeldetechnik)
- Element E : 8,7 % (Fördertechnik)
- Element F : 0,9 % (Sonstiges)

Als Kostenschwerpunkt der Gebäudetechnik muß damit eindeutig das Element D **(Elektrischer Strom, Blitzschutz und Fernmeldetechnik)** angesehen werden.

Diese Aussage beruht, wie bereits an anderer Stelle erwähnt, auf der Grundlage von 79 Bauobjekten der Jahre 1973 bis 1984.

Bei diesem Gebäudeelement kann jedoch in den letzten Jahren eine drastische "Zunahme" verzeichnet werden. Als Ursache hierfür muß in erster Linie die unübersehbare Entwicklung der Informations- und Kommunikationstechnologie und die damit verbundene Ausstattung von Arbeitsplätzen mit Bildschirmen usw. gesehen werden.

Außerdem kann festgestellt werden, daß im Objektbereich Büro- und Verwaltungsbauten zunehmend auf Klimatisierung verzichtet wird (evtl. nur teilweise). Damit sinkt also der prozentuale Anteil des Elementes C (Klima/ Lüftung) entsprechend.

Blickt man nochmals auf Abbildung 3-3 zurück, so wird erkennbar, daß der Mittelwert der Gebäudetechnik in DM/m^3 BRI keine größeren Abweichungen zeigt.

Daher soll der Versuch unternommen werden, den Einfluß der Verschiebungen im Kostengefüge der Gebäudetechnik auf der Grundlage des Vergleichspotentials der Jahre 1980 bis 1984 darzustellen.

Die Auswertung des Vergleichspotentials für diesen Zeitraum ergab nachfolgende durchschnittliche prozentuale Verteilung:

- Element A :   13,5 % (Abwasser/Wasser)
- Element B :   19,3 % (Heizung)
- Element C :   17,3 % (Klima/Lüftung)
- Element D :   39,2 % (Elektrischer Strom/Blitzschutz/Fernmeldetechnik)
- Element E :   9,5 % (Fördertechnik)
- Element F :   1,2 % (Sonstiges)

zu c)   Auf der Grundlage dieser Kennzahlen können z.B. Aussagen darüber getroffen werden, welches weitere Investitionsvolumen, bezogen auf 100 DM Investition im Bereich Baukonstruktionen, für die einzelnen Elemente notwendig wird. Beim Vergleichspotential der Jahre 1980 bis 1984 wurden für diesen Sachverhalt folgende Mittelwerte errechnet:

  - Element A: 4,3 % (oder auch 4,30 DM bezogen auf 100 DM)
  - Element B: 8,2 %
  - Element C: 7,5 %
  - Element D: 14,0 %
  - Element E: 3,8 %
  - Element F: 0,6 %

Die Berücksichtigung dieser Kennzahlen, die sich nur auf das installationsfreie Gehäuse beziehen, hat bei langfristigen Vergleichen und bei der Beurteilung der Wirtschaftlichkeit mit äußerster Vorsicht zu geschehen.
Da diese Kennzahlen auch von der Entwicklung der Kosten der Baukonstruktionen abhängig sind, müßten also bei zwei Bauobjekten, die im Bereich der Gebäudetechnik völlig identische Gesamtbeträge (in DM) aufweisen würden, durch einen unterschiedlichen Standard im Bereich der Baukonstruktionen damit unweigerlich abweichende Kennzahlen festgestellt werden.

Eine ähnliche Verschiebung kann immer dann festgestellt werden, wenn die langfristige Entwicklung der Kosten der Baukonstruktionen und der Gebäudetechnik unterschiedlich ausfällt.

Diese Kennzahlen sollten daher nie separat betrachtet werden, sondern neben den anderen Kennzahlen, die sich auf die Gebäudetechnik als größtmögliches Konglomerat beziehen, nur eine Aussage zur Angemessenheit des Anteils der Gebäudetechnik, bezogen auf das installationsfreie Gehäuse, liefern.

Den Anlagen 4 und 5 im Anhang sind für 30 Bauobjekte der Jahre 1975 bis 1984 die grafischen Auswertungen zur Analyse der Gebäudetechnik zu entnehmen.

Stufe III-B: Analyse der Rohbau- und Ausbaugewerke

Bei neueren Forschungsvorhaben, mit der Zielsetzung einer Erhöhung der Kostensicherheit, wurde ein anderer Weg eingeschlagen. [87]
Grundgedanke dieser Forschungsarbeit ist, daß auf der Grundlage einer geringen Anzahl von Positionen aus unterschiedlichen Leistungsverzeichnissen ein hoher prozentualer Anteil an den Kosten des Bauwerkes bzw. der Baukonstruktionen ermittelt werden kann. Im Regelfall sollen 20 Prozent der Positionen aller Leistungsverzeichnisse in etwa 80 Prozent der Bauwerkskosten ausmachen (Stichwort: ABC-Analyse). [88]
Auf diesen Erkenntnissen beruht auch die Arbeitsmethode zur Verbesserung der Baukostensicherheit der Landeshauptstadt München. [89]
"Die im Stadium der Vorplanung zu ermittelnden Projektkosten werden in Form einer Kostenschätzung entsprechend Spalte 2 DIN 276 aufgestellt. Dies erfolgt mittels eines repräsentativen Querschnittes durch ein geplantes Bauwerk, unter Ansatz von Leitpositionen. Die Massen werden dabei nach einem einheitlichen

---

[87] Diederichs, C.J. u. Hepermann, H.: Kostenermittlung im Hochbau durch Kalkulation von Leitpositionen - Rohbau und Ausbau, Schriftenreihe "Bau- und Wohnforschung" des Bundesministeriums für Raumordnung, Bauwesen und Städtebau, Heft 04.115, Wuppertal 1986

[88] vgl. Diederichs, C.J. u. Hepermann, H.: Kostenermittlung ..., a.a.O., S. 11

[89] Schweiger, A.: Die Zuverlässigkeit von Kostenermittlungen - Arbeitsmethode zur Verbesserung der Baukostensicherheit, Vortrag im Rahmen der Fachtagung "Projektsteuerung im Bauwesen" am 7. März 1986 in Berlin, abgedruckt in der Tagungsmappe und in Schrift Nr. 10 des "Verein für Bauforschung und Berufsbildung des Bayerischen Bauindustrieverbandes e.V., München"

Schema aufgestellt, das auch der Ermittlung in späteren Planungsstufen entspricht und damit nachvollziehbar ist."[90]

Als weitere bemerkenswerte Tatsache ist die Kopplung des formellen gemeinderechtlichen Ausführungsbeschlusses mit der Vorlage von Submissionsergebnissen von rund 60 Prozent der Bauleistungen zu sehen.

Die damit verbundenen Voraussetzungen und Problemstellungen sollen an dieser Stelle angesprochen werden, da im Zusammenhang mit der Analyse von Kostenfeststellungen nach **Leistungsbereichen**, Teilproblemlösungen zu erarbeiten sind.

- Auf welche Gewerke/Leistungsbereiche muß man sich in der Regel konzentrieren (Leitgewerke) ?

- Welchen Einfluß übt der Standard (Qualität) und die Bauwerksgeometrie auf die Leitgewerke aus ?

- In welcher Qualität müssen die Planunterlagen (Zeichnungen, Baubeschreibungen) vorliegen, damit auf dieser Grundlage exakte Mengenermittlungen, als notwendige Voraussetzung für das Aufstellen von Leistungsverzeichnissen, durchgeführt werden können ?

- Welchen Einfluß hat die Objektgröße, und damit zwangsläufig eine längere Bauzeit, auf die Festlegung der Gewerke zur Erbringung der 60-Prozent-Bauleistungssumme ?

- Welchen Einfluß hat diese Regelung z.B. bei längerer Bauzeit auf die preispolitischen Überlegungen der bauausführenden Betriebe ?

Wie bereits erwähnt, dienen die Analysen der Kostenfeststellungen des Vergleichspotentials zum Objektbereich Büro- und Verwaltungsbauten in Teilpunkten der Beantwortung der aufgeworfenen Fragestellungen.
Erste Analysen zeigen bereits, daß eine geringe Anzahl von Rohbau- und Ausbaugewerken jeweils einen hohen prozentualen Anteil an den Kosten des Rohbaus bzw. Ausbaus ausmachen.

---

[90] Schweiger, A.: Die Zuverlässigkeit .... a.a.O., S. 41

Für den Bereich Rohbau sind hierbei die Leitgewerke

- 013: Beton- und Stahlbetonarbeiten
- 012: Mauerarbeiten
- 002: Erdarbeiten

zu berücksichtigen.

Eine detaillierte Analyse dieser Gewerke zeigt jedoch, daß bei einigen Bauobjekten die Baustelleneinrichtung als separates Gewerk (LB) abgerechnet wurde und bei anderen Bauobjekten mit in den drei anderen Gewerken (LB 002; 012; 013) aufgeführt war.
Somit wird es notwendig, die Baustelleneinrichtung als viertes Leitgewerk aufzunehmen.
Als Vergleichspotential dienen wiederum die 30 Bauobjekte der Jahre 1975 bis 1984, die bereits im Zusammenhang mit der Analyse der Grobelemente der Baukonstruktionen und den Elementen der Gebäudetechnik Berücksichtigung fanden.
Dieser langfristige Untersuchungszeitraum ermöglicht damit ebenfalls Aussagen zum **konjunkturellen Einfluß** auf die angesprochenen Sachverhalte.
Die Erkenntnisse aus den **Analysen der Rohbaugewerke** sind den grafischen Darstellungen der Anlagen 6 bis 9 im Anhang zu entnehmen.

Zusammenfassend läßt sich folgendes feststellen:

- Mit den vier vorgegebenen Leitgewerken werden im Durchschnitt 80 Prozent der Kosten des Rohbaus erfaßt (vgl. Anlage 7).

- Allein das Gewerk Beton- und Stahlbetonarbeiten liegt bei 50 bis 65 Prozent an den Kosten des Rohbaus (vgl. Anlage 7).

- Bezogen auf die Kosten der Baukonstruktionen (Rohbau und Ausbau) liegt der prozentuale Anteil der Beton- und Stahlbetonarbeiten bei etwa 30 bis 35 Prozent. Hier ist in den letzten 10 Jahren kaum eine Veränderung zu beobachten (vgl. Anlage 9).

- Besonders bei den Rohbauleitgewerken läßt sich der konjunkturelle Einfluß ablesen (vgl. Anlage 6).

- Der prozentuale Anteil der Baustelleneinrichtung am Rohbau ist im Durchschnitt mit etwa 6 bis 8 Prozent zu berücksichtigen. Aber auch hier kann der Wert z.B. aufgrund schwieriger Baustellenverhältnisse und überlanger Bauzeit bis auf 15 Prozent ansteigen.

In Zeiten der Rezession sind die bauausführenden Betriebe gezwun-
genermaßen bereit, hier gewisse Abstriche zu machen, so daß der prozentuale Anteil sogar bis auf 3 bis 5 Prozent sinken kann (vgl. Anlage 8).
Der prozentuale Anteil der Baustelleneinrichtung wird in den nächsten Jahren jedoch ansteigen, da besonders bei innerstädtischen Baumaßnahmen
erhöhte Schallschutzbestimmungen zu beachten sind, die sich kosten-
mäßig entsprechend auswirken werden. In welcher Größenordnung dies
vermutlich eintreten wird, darüber liegen noch keine gesicherten Erkenntnisse vor.

Der Ausbaubereich ist dadurch gekennzeichnet, daß durch unterschiedliche
Materialwahl eine größere Anzahl von Gewerken als Leitgewerke in Betracht
kommen. Daher hat sich der Verfasser entschlossen, nachfolgende fünf
Ausbaugewerke in den Vergleich einzubringen:

- 023:   Putz- und Stuckarbeiten
- 027:   Tischlerarbeiten
- 031:   Metallbau- und Schlosserarbeiten
- 032:   Verglasungsarbeiten
- 039:   Trockenbauarbeiten

Die Erkenntnisse aus den **Analysen der Ausbaugewerke** sind den grafischen
Darstellungen der Anlagen 10 und 11 im Anhang zu entnehmen.

Zusammenfassend läßt sich folgendes feststellen:

● Auch mit diesen fünf Leitgewerken werden in der Regel über 80 Prozent der
  Kosten des Ausbaus erfaßt (vgl. Anlage 11).

● Über 40 Prozent der Kosten fallen hierbei in der Regel auf das Gewerk
  Metallbau- und Schlosserarbeiten.
  Vereinzelt hat jedoch eine Substitution mit den Tischlerarbeiten stattgefunden (Fenster und Türen), so daß man durchaus feststellen kann, daß
  für das erste Leitgewerk im Ausbau über 40 Prozent zu veranschlagen sind.

● Der konjunkturelle Einfluß läßt sich bei der langfristigen Darstellung der
  Ausbauleitgewerke nicht ablesen (vgl. Anlage 10). Hierfür können zwei
  Gründe ausschlaggebend sein.

  1.)   Die bauausführenden Betriebe im Ausbaubereich konnten ihre preis-
        politischen Vorstellungen durchsetzen.

  2.)   Eine mögliche Senkung des Kostenkennwertes in DM/m^3 BRI durch
        einen konjunkturellen Einbruch wurde durch eine Erhöhung der Stan-
        dards (Qualitätsverbesserungen) ausgeglichen.

Abschließend wird nochmals ein Rückblick auf die Wägungsanteile der Bauleistungen für die Aufstellung der Baupreisindizes notwendig.
Die im Kapitel 2.1.3 vorgestellte Untergliederung der Bauleistungen für die
Analyse der Wägungsanteile genügt nicht den Anforderungen einer Codierung
entsprechend den Leistungsbereichen nach Standardleistungsbüchern.
Mit zunehmender Spezialisierung, besonders im Ausbau- und Gebäude-
techniksektor, werden ständig neue Standardleistungsbücher herausgebracht.
Dies hat jedoch für den Bereich der Kostenplanung zur Folge, daß z.B. bei
einem Objekt die Kosten der Außenfenster im LB 027 (Tischlerarbeiten) und bei
dem anderen Objekt im LB 907 (Fertigfenster) enthalten sind.
Falls diesen Kostenfeststellungen nun keine ausreichenden Baubeschreibungen beiliegen, wirkt dies negativ auf die Kostensicherheit einer aufzustellenden
Kostenschätzung bzw. Kostenberechnung.
Für die differenzierte Fortschreibung von "Baukosten" abgewickelter Bauobjekte, z.B. den Kosten

- des Rohbaus
- eines Ausbaugewerkes
- des Gebäudeelementes Außenwand
- des Gebäudetechnikelementes Heizung

ergibt sich immer die Problemstellung: Welcher Index kann für die angesprochenen Sachverhalte ein Hilfsmittel sein ?
Die Erkenntnisse der Auswertungen in den Kapiteln 3.1.1 und 3.1.2, in Verbindung mit den Anmerkungen zu den Abbildungen 2-1 (bzw. Anlage 2) und den
Tabellen 2-3 und 2-4, machen deutlich, daß die veröffentlichten Indizes mit hin-
reichender Sachkenntnis und äußerster Vorsicht zu verwenden sind.

3.1.3 Struktur und Einflußgrößen der laufenden Kosten nach DIN 18960

Die Normungsarbeiten der DIN zur Ermittlung der laufenden Kosten von Hochbauten konnten im Jahre 1975 abgeschlossen werden.

"Den letzten und nachhaltigsten Anstoß mag der sprunghafte Anstieg der
Energiekosten im Gefolge der Energiekrise gegeben haben. Auch der immer
geringer werdende Investitionsspielraum und der Zwang zur Begrenzung der
Bewirtschaftungskosten machten die Einführung der neuen Norm immer drin-
gender."[91]

---

[91] Muser, B., Drings, H.-R.: Baunutzungskosten DIN 18960, Erfahrungswerte
und praktische Verwendung bei Planung und Betrieb von Gebäuden,
Braunschweig 1977, S. 10

Des weiteren stellt diese Norm ein wichtiges Hilfsmittel bei der langfristigen Beurteilung der Wirtschaftlichkeit von Neubauobjekten dar; ebenso dient sie aber auch der Analyse und Wertung des Gebäudebestandes.
Von den bereits im Kapitel 2.2.1 aufgeführten Kostengruppen

- 1 Kapitalkosten
- 2 Abschreibung
- 3 Verwaltungskosten
- 4 Steuern
- 5 Betriebskosten
- 6 Bauunterhaltungskosten

werden im Rahmen dieses Punktes die Kostengruppen 1 bis 4 nicht näher betrachtet.

Zielsetzung ist vielmehr die Darstellung von Struktur und Einflußgrößen der Kostengruppen, die die Architekten und Ingenieure durch ihre Planungsentscheidungen (z.B. Qualitätsfestlegung bei Bödenbelägen, Fenstern usw.) überwiegend beeinflussen. Gemäß DIN 18960 sind dies:

- 5 Betriebskosten
- 6 Bauunterhaltungskosten

Gegenüber den Betriebskosten nach II. BV sind nachfolgende Abgrenzungen zu berücksichtigen:

"Unter Betriebskosten nach DIN 18960 sind diejenigen Kosten zu verstehen, die für die Aufrechterhaltung der Aufenthaltsbedingungen und die Nutzung eines Gebäudes einschließlich des dazugehörigen Grundstücks regelmäßig anfallen. (...)
Produktionsbedingte Aufwendungen für die Personal- und Sachkosten, d.h. die Aufwendungen für Löhne und Gehälter der Angestellten (ausgenommen Personal für die Betreuung der haus- und betriebstechnischen Anlagen sowie der Außenanlagen) und die Aufwendungen für beispielsweise Büromaterial, Maschinen und Geräte gehören nicht zu den Baunutzungskosten bzw. den Gebäudebetriebskosten. (...) Deshalb ist der Begriffsinhalt "Betriebskosten" derartiger Gebäude nur bei Gebäuden etwa gleichartiger Nutzung und vergleichbarer Ausstattungsbedingungen (gleichartige betriebstechnische Anlagen) miteinander zu vergleichen." [92]

---

[92] Muser, B., Drings, H.-R.: Baunutzungskosten ..., a.a.O., S. 25

Gemäß DIN 18960 sind die Betriebskosten wie folgt zu gliedern:

- 5.1 Gebäudereinigung

    - Innenreinigung
    - Fensterreinigung
    - Fassadenreinigung

- 5.2 Abwasser und Wasser

- 5.3 Wärme und Kälte

- 5.4 Strom

- 5.5 Bedienung

- 5.6 Wartung und Inspektion

- 5.7 Verkehrs- und Grünflächen

- 5.8 Sonstiges

Die Bauunterhaltungskosten können wie folgt definiert und abgegrenzt werden:

"Gesamtheit der Maßnahmen zur Bewahrung und Wiederherstellung des Soll-
zustandes von Gebäuden und dazugehörenden Anlagen, jedoch ohne Reini-
gung und Pflege der Verkehrs- und Grünflächen nach Abschnitt 5.7 und ohne
Wartung und Inspektion der haus- und betriebstechnischen Anlagen nach
Abschnitt 5.6.
(Nicht zur Bauunterhaltung gehören Maßnahmen zur Nutzungsänderung der
Gebäude oder Liegenschaften.)" [93]

Eine Erarbeitung und Darstellung der Transparenz von Betriebs- und Bauunterhaltungskosten setzt allerdings voraus, daß für ausgewählte Bauobjekte,
über einen längeren Zeitraum, jährlich diese Kosten zu erheben wären.
Dieses Datenmaterial müßte danach grafisch aufbereitet werden, um daran die
Entwicklung zu interpretieren.

---

[93] Muser, B., Drings, H.-R.: Baunutzungskosten ..., a.a.O., S. 36

Hierbei sind jedoch unterschiedliche Problemstellungen zu beachten:

- Datenmaterial liegt erst seit 1977 vor.

- Es handelt sich jeweils nur um die 1. Berechnung, die während der Geneh-
  migungsphase oder im 1. Jahr der Nutzung aufgestellt wurde. Damit sind
  für beide Kostengruppen nur kalkulatorische Ansätze vorhanden. Eine notwendige Korrektur dieser Werte auf der Grundlage einer Nachkalkulation ist
  nicht vorgenommen worden.

- Oft werden schon nach kurzer Zeit bauliche Veränderungen vorgenommen.
  Hieraus resultierende Einflüsse auf Betriebs- und Bauunterhaltungskosten
  wurden nicht ermittelt. Damit sind langfristige Vergleiche zum Scheitern
  verurteilt.

- Trotz vorliegender DIN werden bei den "Betreibern" (Nutzern) die Kosten
  unterschiedlich erhoben und zugeordnet. Damit sind Vergleiche von Kennzahlen unterschiedlicher Institutionen nur schwer möglich.

Zur Struktur der Betriebs- und Bauunterhaltungskosten sei zunächst auf eine
Auswertung einer Erhebung niedrig installierter Verwaltungsbauten auf der
Grundlage von Abrechnungen des Jahres 1981 verwiesen. [94]

Der nachfolgenden Tabelle 3-1 sind die Ergebnisse dieser Erhebung (incl.
weiterer Auswertungen) zu entnehmen.

Die vorletzte Spalte der Tabelle 3-1 zeigt, daß mit den Kostenarten

- Gebäudereinigung   :   36,4 %
- Wärme und Kälte   :   26,6 %
- Strom   :   18,1 %

insgesamt 81,1 Prozent der gesamten Betriebskosten erfaßt sind.

Als Kostenschwerpunkt im Bereich der Betriebskosten für das Erhebungsjahr
1981 kann damit eindeutig die **Gebäudereinigung** identifiziert werden.

---

[94]   Drings, H.-R., Graf von Hardenberg, .: Baunutzungskosten - Folgekosten
      für Hochbauten, in: Deutsche Bauzeitschrift, Jahrgang 1984, Heft 4,
      S. 509 ff.

Tab. 3-1:   Betriebs- und Bauunterhaltungskosten niedrig installierter
            Verwaltungsbauten

KG	Bezeichnung	Kosten in	Prozentuale Verteilung	
		DM/m^2 HNF	%	%
5.1	Gebäudereinigung	30,00	36,4	28,7
5.2	Abwasser und Wasser	1,20	1,5	1,1
5.3	Wärme und Kälte	22,00	26,6	21,0
5.4	Strom	15,00	18,1	14,3
5.5	Bedienung	2,00	2,4	1,9
5.6	Wartung und Inspektion	5,00	6,0	4,8
5.7	Verkehrs- und Grünflächen	2,50	3,0	2,4
5.8	Sonstiges	5,00	6,0	4,8
Summe 5.0	Betriebskosten	82,70	100	
6.0	Bauunterhaltungskosten	22,00		21,0
Summe 5.0+6.0	Betriebs- und Bauunterhaltungskosten	104,70		100
5.5; 5.6; 6.0	Instandhaltungskosten [95]	29,00		
5.1 - 5.4	Betriebskosten [95]	68,20		

Ein Hauptproblem der Berechnung der Baunutzungskosten nach DIN 18960
stellt nicht die Erhebung von Betriebs- und Bauunterhaltungskosten dar.
Viel schwieriger ist es, zu gesicherten Angaben der zukünftig anzusetzenden
Betriebs- und Bauunterhaltungskosten zu kommen, damit Substitutions-

---

[95] Zusammenfassung von Kostengruppen der DIN 18960 gemäß Arbeitsgemeinschaft Industriebau e.V. (AGI), Arbeitsblatt W1, Januar 1985

möglichkeiten beurteilt werden können. Dem entgegen wirken vor allem eine mangelhafte Datenaufbereitung, eine Vermischung unterschiedlicher Bezugsgrößen und nicht zuletzt fehlende Kenntnisse über Einflußgrößen. [96]

Außerdem traten bereits während der Erarbeitung der DIN 18960 andere Schwierigkeiten auf.

"Gewisse Schwierigkeiten bereitete die Abstimmung mit der etwa zum gleichen Zeitpunkt verabschiedete DIN-Norm 31051 "Instandhaltung" sowie die weitestmögliche Rücksichtnahme auf die Zweite Berechnungsverordnung (II. BV)." [97]

In den ersten Jahren der Anwendung der DIN 18960 traten jedoch weitere Problemfälle auf, nämlich Abgrenzungsschwierigkeiten der Kostengruppe **Bauunterhaltung** zur Kostengruppe **Wartung**.

"Nach DIN 18960 ist ein wesentliches Merkmal von Wartungs- und Pflegearbeiten, daß diese routinemäßig ausgeführt werden und die Kosten als jährlich gleichbleibend angesehen werden können, während die Bauunterhaltung in unregelmäßigen Abständen bzw. in Mehrjahresintervallen erfolgt.
Die Kosten beider Gruppen "Wartung" und "Bauunterhaltung" gehen jedoch auf den gleichen Grund zurück, nämlich auf Alterung und Verschleiß. Es ist einleuchtend, daß zwischen beiden Kostengruppen auch Substitutionsmöglichkeiten bestehen. Mit relativ hohen Wartungskosten kann man sich u.U. niedrige Bauunterhaltungskosten erkaufen und umgekehrt.
Aus der Sicht der Richtwertbildung wäre es deshalb besser, beide Kostengruppen zusammenzufassen." [98]

---

[96] vgl. hierzu auch: Schub, A., Stark, K.: Life Cycle Cost von Bauobjekten, Methoden zur Planung von Erst- und Folgekosten, Verlag TÜV Rheinland GmbH, Köln 1985, S. 71

[97] Muser, B., Drings, H.-R.: Baunutzungskosten ..., a.a.O., S. 14

[98] Simons, K., Sager, R.: Berechnungsmethoden für Baunutzungskosten, Schriftenreihe "Bau- und Wohnforschung" des Bundesministeriums für Raumordnung, Bauwesen und Städtebau, Heft 04.063, Braunschweig 1980, S. 33

Die Arbeitsgemeinschaft Industriebau (AGI) hat daher einzelne Kostengruppen nach anderen Kriterien zusammengefaßt. Hiernach ergibt die Summe der Kosten für die Erhaltung des Gebäudezustandes

- Wartung
- Inspektion
- Instandsetzung

die **Instandhaltungskosten.** (Dies entspricht den Kostengruppen 5.5; 5.6 und 6 der DIN 18960).
Die Betriebskosten setzen sich hiernach nur aus den Kostengruppen 5.1 bis 5.4 zusammen.
Die daraus resultierende veränderte Kostenartenstruktur ist den untersten beiden Zeilen der Tabelle 3-1 zu entnehmen.

In den letzten Jahren kann außerdem eine deutliche Verschiebung im Kostengefüge der Betriebskosten festgestellt werden. Bevor darauf eingegangen werden kann, muß angemerkt werden, daß im Zuge der Erhebung von Betriebskostendaten nach DIN 18960 viele Institutionen die Kostengruppen 5.5 und 5.6 (Bedienung, Wartung und Inspektion) zusammenfassen.
Eine Auswertung einer Erhebung von Betriebskosten bei Bauobjekten von 25.000 bis 50.000 m^3 BRI, einem mittleren Technisierungsgrad I und geringfügig über den Mittelwertkurven liegenden Kostenkennwerten bei den einmaligen Kosten, zeigt nachfolgende Ergebnisse.

Die Betriebskosten (Stand 1987) sind mit einem Kennwert von 94,50 DM/m^2 HNF zu berücksichtigen. Als Kostenschwerpunkte konnten ermittelt werden:

- Gebäudereinigung   :   24,0 %
- Bedienung, Wartung und Inspektion   :   24,0 %
- Wärme und Kälte   :   22,7 %

Hier spiegelt sich der Trend der letzten Jahre wieder, durch vorbeugende Maßnahmen das Risiko umfassender Instandsetzungsmaßnahmen gering zu halten.
Die Analyse zeigt außerdem, daß die äußerst lohnintensiven Kostengruppen

- Gebäudereinigung
- Bedienung, Wartung und Inspektion

damit bereits 48 Prozent, also knapp die Hälfte der Betriebskosten ausmachen.

Der Anteil der Energiekosten, insbesondere für Wärme und Kälte, gestaltet sich dagegen rückläufig.

Die aufgeworfenen Problemstellungen zeigen, daß eine langfristige Betrachtung von Betriebs- und Bauunterhaltungskosten innerhalb dieser Arbeit nicht realisiert werden kann.
Die Verarbeitung von Erkenntnissen aus Struktur, Einflußgrößen und Kennzahlen der Betriebs- und Bauunterhaltungskosten erfolgt im Zusammenhang mit der Darstellung der kostenpolitischen Überlegungen der unterschiedlichen Investoren hinsichtlich der Disposition einmaliger und laufender Kosten im Kapitel 4.2.2.

3.2 Objektbereich Wohnungsbau

In der Vergangenheit stützten sich Kostenanalysen zum Objektbereich Wohnungsbau überwiegend auf das Datenmaterial des Statistischen Bundesamtes bzw. der Statistischen Landesämter, insbesondere dann, wenn die "Baupreisentwicklung" über einen längeren Zeitraum im Vordergrund stand. In den letzten Jahren werden aber vermehrt Analysen veröffentlicht, bei denen die Verwendbarkeit des Datenmaterials für neu zu erstellende Kostenermittlungen im Vordergrund stehen. [99] [100]
Das Datenmaterial der AK BW ist hierfür sogar auf einen bestimmten Zeitpunkt (II. Quartal 1979) zurückgerechnet worden.

Im Kapitel 3.1 (Objektbereich Büro- und Verwaltungsbauten) war u.a. auch die Darstellung der langfristigen Entwicklung der Struktur der einmaligen Kosten nach DIN 276 (beschränkt auf die Kosten des Bauwerkes) zu erarbeiten. Für den Objektbereich Wohnungsbauten wird die ausführliche Darstellung der Transparenz dieser Kostengruppe nicht angestrebt. Es soll vielmehr versucht werden, alle sieben Kostengruppen nach DIN 276 in der Struktur darzustellen. Hierfür wird nachfolgender Weg beschritten.

Seit Beginn der 80er Jahre werden vom Bundesminister für Raumordnung, Bauwesen und Städtebau Ausschreibungen und Auszeichnungen von "preiswerten" Wohnbauten durchgeführt. Es wurden jeweils unterschiedliche

---

[99] Mittag, M.: Baudatenhandbuch 1, Wohnbauten, Heime, Krankenhäuser, Detmold 1981

[100] Architektenkammer Baden-Württemberg: Baukostendaten, a.a.O.

Gebäude- und Wohnungstypen (Pilotprojekte) ausgezeichnet, die neben einem guten Wohnwert und ansprechender Architektur vor allem einen Beitrag zur "Kostendämpfung" im Wohnungsbau leisteten. Die Ergebnisse sind in der Schriftenreihe 04 (Bau- und Wohnforschung) des Bundesministers für Raumordnung, Bauwesen und Städtebau veröffentlicht worden. [101] [102] [103] [104] [105]

Am Beispiel von zwei ausgewählten Gebäudetypen:

- Mehrfamilienhäuser (04.096) [106]
  und
- Einfamilienhäuser in verdichteter Bauweise (04.116) [107]

sollen auf der Grundlage des veröffentlichten Datenmaterials Erkenntnisse über die Struktur der einmaligen Kosten vorgestellt werden.
Da im Kapitel 4.3 kostenpolitische Überlegungen unter Berücksichtigung der unterschiedlichen Zielvorstellungen der Investoren im Objektbereich Wohnungsbauten darzustellen sind, werden im Rahmen dieses Kapitels die Unterschiede in der Struktur der einmaligen Kosten für die beiden Gebäudetypen erarbeitet.

Zum Problembereich der Vergleichbarkeit aufgrund unterschiedlicher Qualitäten im Roh- und Ausbau bzw. bei der Gebäudetechnik ist anzumerken, daß bei beiden Gebäudetypen der Standard im sozialen Wohnungsbau vorhanden ist.

---

[101] "Preiswerte Stadthäuser", Heft Nr. 04.076

[102] "Preiswerte Mehrfamilienhäuser", Heft Nr. 04.096

[103] "Preiswerte Einfamilienhäuser", Heft Nr. 04.104

[104] "Preiswerte Eigentumswohnungen", Heft Nr. 04.110

[105] "Preiswerte Einfamilienhäuser in verdichteter Bauweise", Heft Nr. 04.116

[106] Die 11 ausgezeichneten Objekte sind in der Abbildung 3-8 mit den Nummern 9.001 bis 9.011 gekennzeichnet

[107] Die 13 ausgezeichneten Objekte sind in der Abbildung 3-9 mit den Nummern 9.201 bis 9.013 gekennzeichnet

Obwohl die Termine der Bezugsfertigstellung um zwei bis drei Jahre abwei-
chen (Mehrfamilienhäuser von 1981 bis 1982; Einfamilienhäuser von Juli '83 bis
Aug. '85), wird trotzdem der Versuch unternommen, das Datenmaterial beider
Gebäudetypen miteinander zu vergleichen.

Betrachtet man in den nachfolgenden Abbildungen 3-8 und 3-9 nur die Kosten
des Bauwerkes, so zeigt es sich, daß es 1983/85 gelungen ist, Einfamilienhäuser in verdichteter Bauweise zu erstellen, deren Kosten, bezogen auf den
m^2 Wohnfläche, im Durchschnitt unter dem Niveau der Kosten für Mehrfamilienhäuser der Jahre 1981/82 lagen.

Die Kostengruppen 4.0 bis 7.0 (als Summe) weisen keine markanten Unterschiede auf.

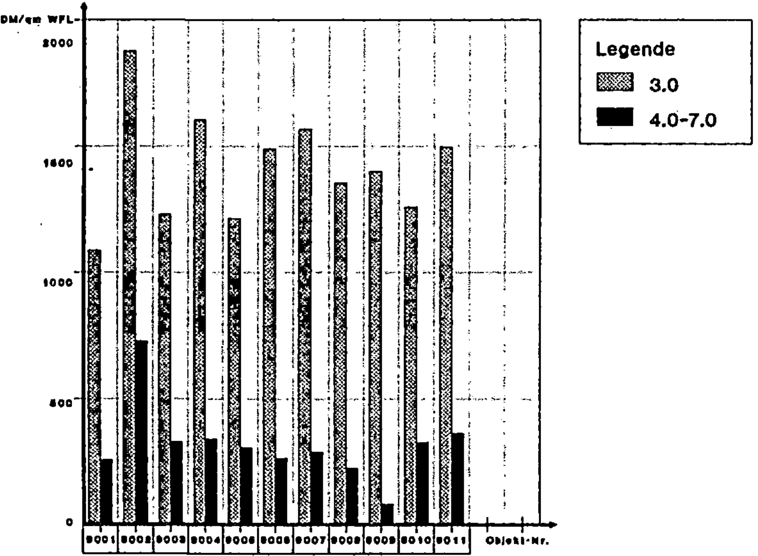

Abb. 3-8:   Struktur ausgewählter Kostengruppen nach DIN 276 -
             Mehrfamilienhäuser (Preisgekrönte Objekte 04.096);
             Kostenarten in DM/ m^2 WFL

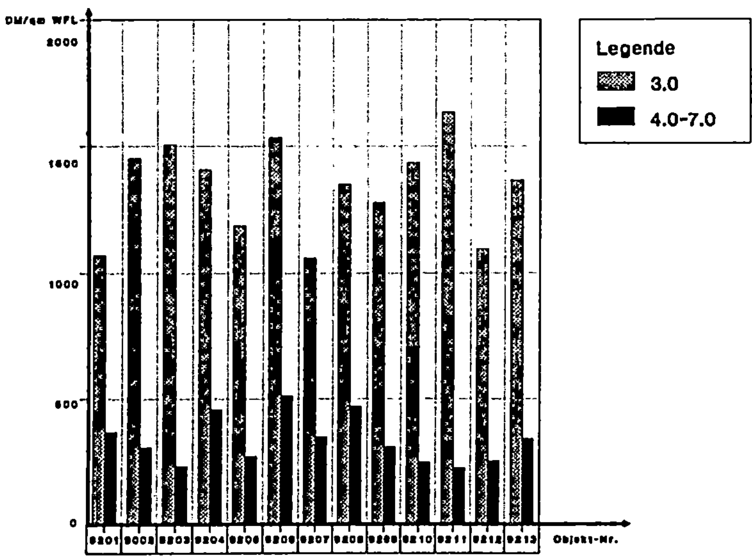

Abb. 3-9: Struktur ausgewählter Kostengruppen nach DIN 276 -
Einfamilienhäuser in verdichteter Bauweise (Preisgekrönte Objekte
04.116); Kostenarten in DM/ m^2 WFL

Setzt man die Kosten des Bauwerkes jeweils als Bezugsgröße (= 100 %) und
fragt dann nach den weiteren Anteilen, die für das **Grundstück** und die
Erschließung zu beachten sind, so werden einige Unterschiede deutlich.
Läßt man die fünf Objekte unberücksichtigt, bei denen das Grundstück in Form
von Erbpacht bereitgestellt wurde, so vermittelt Abbildung 3-10 nachfolgende
Erkenntnisse:

- Trotz geringer Grundstücksgrößen von 128 bis 212 m2 (ohne Objekt 9.205)
  liegt der "Aufwand" für Grundstück und Erschließung bei diesen Einfamilienhäusern bei der Hälfte des Vergleichspotentials noch bei über 30 Prozent
  (bezogen auf die Kosten des Bauwerkes).

- Bei den Mehrfamilienhäusern liegt der Anteil dagegen im Durchschnitt bei
  15 bis 20 Prozent.

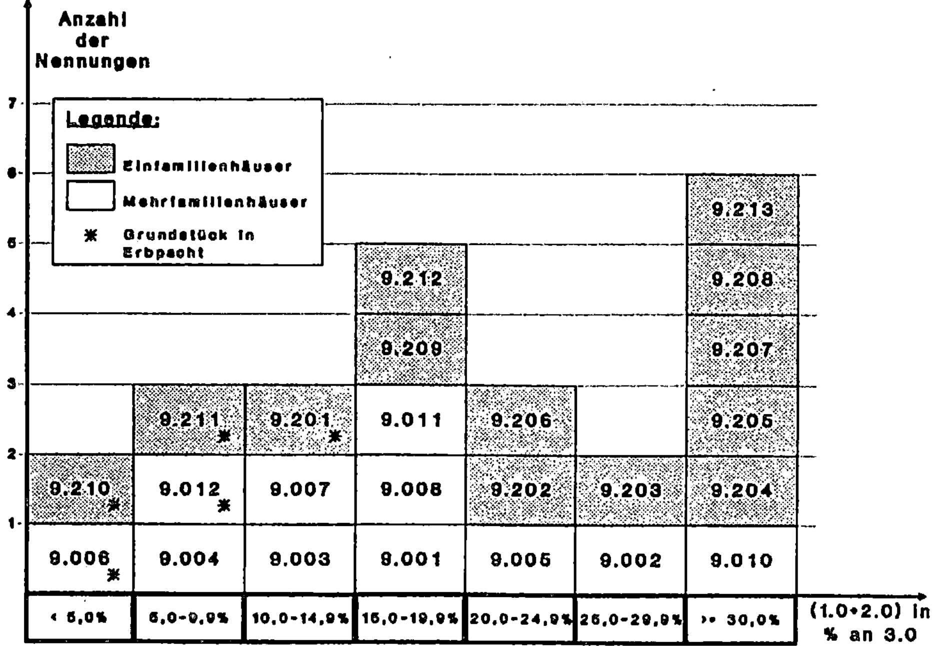

Abb. 3-10:   Darstellung der Häufigkeitsverteilung des prozentualen Anteils der Kostengruppen 1.0 und 2.0 (Baugrundstück und Erschließung) bezogen auf die Kosten des Bauwerkes (3.0)

Im Rahmen von Kostenschätzungen werden die **Baunebenkosten** i.d.R. als Prozentsatz bezogen auf die Kosten des Bauwerkes ermittelt.
Nachfolgende Abbildung 3-11 zeigt die breite Streuung der Prozentsätze für beide Gebäudetypen.

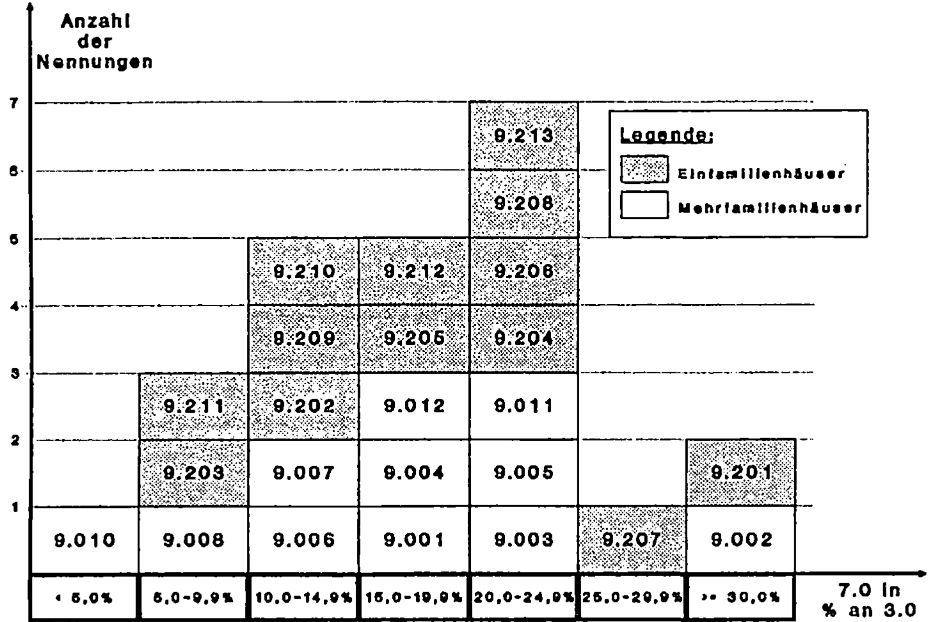

Abb. 3-11:   Darstellung der Häufigkeitsverteilung des prozentualen Anteils der Baunebenkosten (7.0) bezogen auf die Kosten des Bauwerkes (3.0)

Vergleicht man die Prozentsätze für beide Gebäudetypen, so lassen sich keine eklatanten Abweichungen feststellen.

Als Ursache hierfür kann evtl. angeführt werden, daß Honorarminderungen (gemäß § 22 HOAI: Auftrag für mehrere Gebäude) bei den Einfamilienhäusern durch den Degressionseffekt bei höheren "anrechenbaren Kosten" der Mehrfamilienhäuser ausgeglichen werden.

3.3 Ansatzpunkte zur Verbesserung der Kostentransparenz als Voraussetzung einer Erhöhung der Kostensicherheit

Jahrzehntelang waren die Investoren mit dem Genauigkeitsgrad der Kostenermittlungen in den Phasen des Vorentwurfes und Entwurfes zufrieden.
Die Berechnungen, die z.B. für die Kosten des Bauwerkes (früher "reine Baukosten") auf der Grundlage der Multiplikation eines Kostenkennwertes mit der Objektgröße m^3 BRI oder m^2 BGF erstellt wurden, lieferten brauchbare Ergebnisse. Worauf war dies zurückzuführen? Betrachtet man bei Bauten der 50er und 60er Jahre das Kostengefüge in den Rohbau-, Ausbau- und Gebäudetechniksystemen, so kann festgestellt werden, daß bei allen drei Systemen die möglichen "von-bis-Spannen" in DM/m^3 BRI bei der überwiegend gebauten Gebäudesubstanz (innerhalb eines Objektbereiches) äußerst gering waren.
Eine Analyse der Grundrisse, Ansichten, Schnitte und Baubeschreibungen zeigt hierfür u.a. die nachfolgenden Ursachen:

- einfach gestaltete Gebäudekörper

- kaum differenzierte Fassadengestaltung

- Mindestanforderungen im Ausbau

- Mindestanforderungen bei der Gebäudetechnik

- geringe Abweichungen bei den Geschoßhöhen

- geringe Spannweiten

(diese Aufzählung ließe sich beliebig fortsetzen).

Animiert durch das breite Angebot an Baumaterialien für die Ausbau- und Gebäudetechnikgewerke ergibt sich zwangsläufig, je nach Wunsch des Investoren, gerade für diese beiden Systeme eine breite Streuung der möglichen Kostenkennwerte (DM/m^3 BRI bzw. DM/m^2 BGF).
Die Analysen im Kapitel 3.1.1 belegen diese Aussage recht deutlich.
Die unterschiedlichen Investorengruppen stellen trotzdem für ihre Investitionsvorhaben in den letzten Jahren sehr hohe Ansprüche an den Genauigkeitsgrad der Kostenermittlungen in den Phasen der Vor- und Entwurfsplanung.
Während die Rechtsprechung zwischen der Kostenschätzung und der Kostenfeststellung durchaus noch Abweichungen von 25 bis 30 Prozent als tolerierbar ansieht, wird dieser Toleranzbereich von Investoren, die permanent bauen, nicht akzeptiert.

Wie kann nun diese gewünschte Erhöhung der Kostensicherheit (Genauigkeitsgrad) erreicht werden? Bezeichnet man als Kostensicherheit die möglichen Schwankungsbereiche der einzelnen Kostenermittlungen mit den
tatsächlich am Ende der Planungs- und Realisierungsphase des Bauobjektes
entstandenen Kosten, so wird mit der **Erhöhung der Kostensicherheit** also
die Minimierung dieser Schwankungsbereiche ausgedrückt.

Auf der Grundlage des Leistungsbildes der Architekten (§ 15 HOAI) und der
dort eingebetteten Kostenermittlungen nach DIN 276 lassen sich nachfolgende
Schwankungsbereiche definieren:

- Schwankungsbereich I : Kostenrahmen   - Kostenfeststellung
  (Projektdefinition)

- Schwankungsbereich II : Kostenschätzung   - Kostenfeststellung
  (Vorplanung)

- Schwankungsbereich III : Kostenberechnung   - Kostenfeststellung
  (Entwurfsplanung)

- Schwankungsbereich IV : Kostenanschlag   - Kostenfeststellung
  (Mitwirkung bei der Vergabe)

Während der Architekt durch seine Planungsentscheidungen in der Regel
"Beiträge" zu den Schwankungsbereichen II bis IV liefert, tritt als Verursacher
des Schwankungsbereiches I in erster Linie der Investor selbst auf.

Wenn nun in der Öffentlichkeit Kostenüberschreitungen diskutiert werden und
den beteiligten Planern (Architekt, Tragwerksplaner usw.) mangelnde Qualifi-
kation und Zuverlässigkeit vorgeworfen werden, geht es oft nicht um den
Schwankungsbereich II, also die erste Kostenermittlung für die der Architekt
verantwortlich zeichnet, sondern vielmehr um den Schwankungsbereich I.

Es steht damit die vieldiskutierte "erstgenannte Zahl" im Mittelpunkt. [108]
Dieser Kostenrahmen wird in der Regel auf der Grundlage eines mangelhaft
definierten Raum- und Ausstattungsprogrammes festgelegt und bei öffentlichen Bauvorhaben aus haushaltspolitischen Gesichtspunkten manchmal
sogar noch bewußt niedriger angegeben.

---

[108]   vgl. Diederichs, C.J.: Kostensicherheit ..., a.a.O., S. 35 ff.

Bisherige wissenschaftliche Ansätze zur Erhöhung der Kostensicherheit lassen sich in zwei Komplexe gliedern.

Dem ersten Komplex sind die Kostenermittlungsverfahren zuzuordnen, die nur unter Erhöhung des Aufwandes des Architekten durchgeführt werden können und deren Aufwand entsprechend zu honorieren ist.

Dem zweiten Komplex ist ein Verfahren zuzuordnen, von dem die Verfasser keinen Anstieg des gesamten Planungsaufwandes für die Grundleistungen nach § 15 (Phasen 1 bis 9) der HOAI erwarten. [109]

Bei den Verfahren des ersten Komplexes werden die Kosten auf der Grundlage konstruktionsbezogener Elemente ermittelt. Gemäß dem Leistungsbild nach § 15 der HOAI werden diese Ermittlungsverfahren den **Besonderen Leistungen** zugeordnet. Es handelt sich hierbei um die nachfolgenden Verfahren:

- Kostenschätzung mit "Einheitspreisen" von Grobelementen [110]

- Kostenberechnung mit "Einheitspreisen" von Gebäudeunterelementen [111]

Die Vorteile dieser beiden Verfahren gegenüber den "herkömmlichen" Kostenermittlungsverfahren nach DIN 276 sind in den letzten Jahren durch umfangreiche Veröffentlichungen ausführlich dargelegt worden (wobei die Frage der Honorierung in der Regel nicht detailliert angesprochen wurde).
Beide Verfahren stehen daher nicht im Mittelpunkt dieser Arbeit.

Zum generellen Problembereich der Wirtschaftlichkeitsanforderung an Kostenermittlungen sei in diesem Zusammenhang abschließend Haag zitiert:

"Ich möchte an dieser Stelle deutlich darauf hinweisen, daß der Aufwand für Mengenermittlungen, Zusammenstellen und Pflegen von projektspezifischen Baupreisdaten und die ständige Aktualisierung der Baukostenermittlungen entsprechend dem jeweiligen Planungsstand häufig unterschätzt wird. Werden in frühen Planungsphasen Kostenermittlungen zu detailliert angelegt, so kann sich allein deshalb das Schwergewicht der Architektenleistungen auf die Kostenseite hin verlagern.

---

[109]   Diederichs, C.J. u. Hepermann, H.: Kostenermittlungen im Hochbau ..., a.a.O.

[110]   Verfahren 2 gemäß Baukosten-Handbuch, ..., a.a.O., S. 52 ff.

[111]   Verfahren 4 gemäß Baukosten-Handbuch, ..., a.a.O., S. 72 ff.

Die Anwendung der Elementmethode in dem der Planung angemessenen Detaillierungsgrad beansprucht als sogenannte "besondere Leistung" nach der HOAI einen Aufwand von höchstens 10 %, bezogen auf den Aufwand für Planung und Objektüberwachung."[112]

Würde man dieses Gedankengut auf das im 1. Kapitel in der Tabelle 1-2 (Seite 6) aufgeführte Beispiel "Mehrfamilienhaus" übertragen, so muß diesem 10-prozentigen Aufwand nachfolgendes Honorar gegenüberstehen:

- **Grundhonorar für die Phasen 1 bis 9 entspricht 6,6 Prozent der anrechenbaren Kosten.**

- Hieraus läßt sich ein Honorar für Anwendung der Elementmethode von 0,66 Prozent, bezogen auf die anrechenbaren Kosten errechnen.

- in DM ausgedrückt: 17.352,10 DM

- Bei einer Objektgröße von 7.500 m^3 BRI ergibt sich hieraus also ein Kennwert von nur 2,31 DM/m^3 BRI

- Ausgehend vom Kostenkennwert in Höhe von 400 DM/m^3 BRI für die Kosten des Bauwerkes würden durch eine Beauftragung des Architekten mit dieser Besonderen Leistung dem Bauherrn also nur **0,58 Prozent höhere Kosten** (bezogen auf 3.0) entstehen.

Der Verfasser ist der festen Überzeugung, wenn die Architekten den Bauherren auf diese oder ähnliche Weise die Auswirkungen einer Beauftragung von Besonderen Leistungen vorrechnen, wird auf Seiten der Bauherren wesentlich öfter die Bereitschaft zur Vereinbarung dieser Besonderen Leistung bestehen.

Berücksichtigt man außerdem noch, daß der Hauptaufwand bei Anwendung einer Kostenermittlung nach der Elementmethode bei der Mengenermittlung liegt, so ist zu vermuten, daß in der nächsten Zeit eine Kopplung von CAD- und Mengenermittlungsprogrammen hier aufwandsmindernd wirken wird.

---

[112] Haag, G.: Baukostensteuerung mit EDV-Unterstützung, Referat im Rahmen des Symposiums "Ökonomisches Verhalten" der Heinle, Wischer und Partner Planungsgesellschaft mbH am 26. und 27. März 1982 in Stuttgart, abgedruckt im HWP-Bericht Nr. 8, S. 203 ff.

Abschließend noch einige Anmerkungen zu möglichen Problembereichen des neuen Ansatzes der Kostenermittlungsverfahren des zweiten Komplexes.

Als Ansatzpunkt dieses Verfahrens gilt die Erkenntnis, daß die Vergabe von Bauleistungen nach Gewerken bzw. Positionen und nicht nach Kostengruppen erfolgt.

Wenn also jetzt bereits ab dem ersten Kostenermittlungsverfahren, der Kostenschätzung, eine Ermittlung der Kosten auf der Grundlage von **Positionen** vorgenommen werden kann, ist damit ein wichtiger Ausgangspunkt zur Erhöhung der Kostensicherheit erreicht, nämlich die Durchgängigkeit eines Verfahrens (insbesondere die Bezugsbasis) von der Kostenschätzung bis zur Kostenfeststellung.

Bei diesem Verfahren kann auf der Grundlage von 45 Leitpositionen für 13 Leistungsbereiche der Baukonstruktionen (3.1 nach DIN 276) eine Kostenschätzung vorgenommen werden.

Zum **Aufwand**, der für dieses Verfahren notwendig sein wird, seien abschließend einige Anmerkungen der Verfasser angeführt.

"Für die separate Kostenermittlung bedingt die Leitpositions-Kalkulation einen wesentlich höheren Aufwand als herkömmliche Verfahren, da die Massen aller wichtigen Positionen ermittelt werden müssen. Die Kenntnis dieser Massen ist zwingende Voraussetzung für eine Kostenermittlung mit Leitpositionen.

Der gesamte Planungsaufwand - und damit die Planungskosten - steigt jedoch nicht an, da eine detaillierte Massenermittlung spätestens in der Leistungsphase 6 (Vorbereiten der Vergabe) (...) auf jeden Fall vorgenommen werden muß und die vorweg ermittelten Massen der Leitpositionen/ Ausführungsvarianten an dieser Stelle verwendet werden können. Die Massenermittlung für Leitpositionen und Ausführungsvarianten ist demnach nur als gesamtkostenneutrale Aufwandsverlagerung in frühere Projektphasen zu werten; diese ist zur Erreichung von Kostensicherheit unbedingt zweckmäßig. (...) Ein zusätzlicher Aufwand wird durch die Pflege der Stammdaten hervorgerufen, die eine jährliche Lohn- und Materialkostenanpassung sowie ggf. eine regionale Erstanpassung erfordern." [113]

---

[113]   Diederichs, C.J. u. Hepermann, H.: Kostenermittlungen im Hochbau ..., a.a.O., S. 12 u. 13

Hieraus lassen sich unmittelbar einige Problembereiche definieren:

- Die erhoffte Aufwandsverschiebung kann nur dann berücksichtigt werden, wenn der Architekt mit dem gesamten Leistungsbild nach § 15 der HOAI, also den Phasen 1 bis 9 beauftragt worden ist.
  Die zunehmende Splittung der Architektenverträge in die

  - Phasen 1 - 5
    und
  - Phasen 6 - 9

  an unterschiedliche Auftragnehmer von Planungsleistungen bewirkt jedoch, daß insbesondere das für eine Kostenschätzung (auf der Grundlage von Leitpositionen) notwendige Datenmaterial bei diesen Büros nicht vorhanden ist, da sie an der Realisierung (Phasen 6 bis 9) von Objekten i.d.R. nicht beteiligt sind.

- Ob es jedoch nur bei einer Aufwandsverlagerung in die Phasen 2 und 3 des § 15 (HOAI) bleibt, muß angezweifelt werden, da der **Genauigkeitsgrad der Massen**, der für die aufzustellenden Leistungsverzeichnisse in der Phase 6 notwendig ist, auf der Grundlage der Entwurfsplanung im M. 1 : 100 bzw. M. 1 : 200, aber besonders nicht auf der Grundlage der Vorplanung erwartet werden kann.
  Permanente Massenkontrollen in der Entwurfs- und Ausführungsplanung werden somit zu einer Steigerung des Planungsaufwandes führen.

  Die Zukunft wird sicherlich zeigen, daß dieses Verfahren einen wesentlichen Beitrag zur Erhöhung der Kostensicherheit liefert, jedoch aufgrund einer Steigerung des Planungsaufwandes langfristig nur als **Besondere Leistung** angewendet wird.

Der Verfasser dieser Arbeit ist der Auffassung, daß Kostenermittlungen auf der Grundlage von Leitpositionen frühestens in der Entwurfsplanung angewendet werden sollen.
Für die Festlegung eines **Kostenrahmens** und die **Kostenschätzung** sind daher andere Verfahren zu erarbeiten.

Da viele Architekten das ökonomische Datenmaterial der abgewickelten Bauobjekte nur ungenügend auswerten, fehlen ihnen somit Erkenntnisse über Kostenschwerpunkte bei Elementen (z.B. Außenwand) und Gewerken.

Welche Möglichkeiten der Analyse sich dem Architekten bieten, wurde im Kapitel 3.1 ausführlich dargestellt.

Diese Erkenntnisse dienen jetzt als Ansatzpunkte zur Erhöhung der Kostensicherheit in den Phasen der Projektdefinition und **Vorplanung**.

Nachdem im Rahmen der Projektdefinition die voraussichtliche Objektgröße (m^3 BRI bzw. m^2 BGF) bestimmt wurde, kann unter Berücksichtigung der weiteren Einflußgrößen **Standort**, **Qualität** und **Technisierungsgrad** für die Kosten des Bauwerkes ein erster Kostenrahmen festgelegt werden.

Als Hilfsmittel dient hierfür die bereits vorgestellte Unterteilung in:

- Rohbau
- Ausbau
- Gebäudetechnik.

Diese Dreiteilung des gesamten Kostenrahmens erlaubt es, jeweils ein erstes Budget für **Rohbau**, **Ausbau** und **Gebäudetechnik** zu ermitteln.

Diese drei Budgets sind immer im Zusammenhang mit der definierten Objektgröße und den ersten Qualitätsvorstellungen zu betrachten. Falls es nun zu einem späteren Zeitpunkt, z.B. während der Leistungsphasen 2, 3 und 5, zu markanten Kostenabweichungen kommen sollte, kann exakt überprüft werden, welche Veränderungen hinsichtlich Objektgröße und Qualitäten hierfür verantwortlich zeichnen.

Auf der Grundlage des Datenmaterials der analysierten Büro- und Verwaltungsbauten lassen sich für diesen Objektbereich für das Jahr 1988 nachfolgende Baupreiszonen mit den entsprechenden "von-bis-Spannen" formulieren.

Nachfolgende Tabelle 3-2 gibt die jeweiligen Spannen auf der Grundlage der Objektgröße "m^3 BRI" wieder.

Mit den drei unterschiedlichen Baupreiszonen kann u.a. auch eine Abstufung in:

- geringer Standard
- mittlerer Standard
  und
- hoher Standard

festgelegt werden.

Tab. 3-2:   Baupreiszonen im Objektbereich "Büro- und Verwaltungsbauten"
             zur Festlegung eines Kostenrahmens

Baupreiszonen:		Kosten des Bauwerkes		(3.0 DIN 276)
Basis DM/m³ BRI	Zone 1 DM/m³ BRI	Zone 2 DM/m³ BRI	Zone 3 DM/m³ BRI	Gewählt DM/m³ BRI
ROHBAU	150 - 200	201 - 250	251 - 300	
AUSBAU	125 - 175	176 - 225	226 - 275	
GEBÄUDE- TECHNIK	45 - 105	106 - 165	166 - 225	

Auf der Basis DM/m^2 BGF lassen sich ebenfalls "von-bis-Spannen" fest-
legen. [114]

Die gewünschte Erhöhung der Kostensicherheit in der Phase der **Vorplanung**
kann dann realisiert werden, wenn die Erkenntnisse der Analysestufe III
(Kapitel 3.1) mit in die aufzustellende **Kostenschätzung** einfließen.

Unter Berücksichtigung der in der Kurz-Baubeschreibung aufgeführten Qualitäten kann auf der Grundlage der **Leitgewerke** des Roh- und Ausbaus eine
Kostenschätzung (Bezugsbasis DM/m^3 BRI bzw. DM/m^2 BGF) für die Kosten
der Baukonstruktionen vorgenommen werden. Die Kosten der Gebäudetechnik
sind auf der Grundlage der Erkenntnisse der Analysen zu den Gebäudetechnik-
elementen A bis F (Analysestufe III-A) zu ermitteln.

Der entscheidende Vorteil einer Kostenschätzung und der nachfolgenden
Kostenberechnung, bei denen jeweils Budgets für Rohbau-, Ausbau- und
Gebäudetechnikgewerke ermittelt worden sind, liegt darin, daß bereits mit der
Vergabe des ersten Gewerkes Soll-Ist-Vergleiche vorgenommen und hieraus
eventuelle Konsequenzen für Folgegewerke getroffen werden können. [115]

---

[114]   vgl. Pfarr, K.-H.: Handbuch der kostenbewußten Bauplanung, Wuppertal
         1976, Abb. 98, S. 157

[115]   In der Anlage 12 im Anhang sind diese Ansätze praktikabler Kosten-
         ermittlungsverfahren an einem Beispielobjekt näher aufgeführt.

4 Kostenpolitik des Investors im Zusammenspiel mit der Honorarpolitik der beteiligten Architekten und Ingenieure und der Preispolitik der ausführenden Firmen (Betriebe)

Blickt man nochmals auf die bisherigen Kapitel zurück, so stellt sich unmittelbar die Frage: Wie können die dort gewonnenen Daten und Erkenntnisse in unternehmerisches Handeln umgesetzt werden?
Zum besseren Verständnis und zur Einordnung dieser Problematik sei zunächst ein Blick auf Abbildung 4-1 geworfen.
Dieser Abbildung ist zu entnehmen, daß die Betrachtungsweise des rechnenden bzw. kalkulierenden Investors hinsichtlich seiner Kosten immer in zwei Richtungen gehen muß.

Die erste Richtung widmet sich den Kosten, die während der Planungs- und Realisierungsphase entstehen. Diese Kosten entstehen auf drei unterschiedlichen Teilmärkten.
Dabei soll die Frage nach dem Markt für Boden hier ausgeklammert werden, weil über andere Bezugsgrößen wie GFZ, GRZ usw. für den Investor bereits im Vorfeld (Generalbebauungsplan, Zielsetzungsplanung) bestimmte Festlegungen getroffen worden sind, die im Zusammenhang mit dieser Arbeit nicht weiter diskutiert werden sollen.

Der zweite Block widmet sich dem Markt für Bauleistungen. Hier stellen die Preise auf den diversen Baumärkten die **Kosten für Bauleistungen** dar.

Der dritte Block setzt sich mit dem Markt für Planungsleistungen auseinander. Hier stellen die vereinbarten und erzielten Honorare die **Kosten für Planungsleistungen** dar.

Neben dieser mehr rückwärts gerichteten Betrachtungsweise hat die Kostenpolitik des Investors einen ausgesprochen dynamischen Ansatz, nämlich einen, der in die Zukunft weist. Erst die detaillierten Analysen und Aussagen über einmalige und laufende Kosten im 3. Kapitel ermöglichen es dem Investor, gezielte Wirtschaftlichkeitsüberlegungen anzustellen.
Greift man nochmals auf die begrifflichen Formulierungen zurück, so stellen **Kosten** den bewerteten Güter- und Dienstverzehr bei der Erstellung von Leistungen dar. Nach einer betriebswirtschaftlich-begrifflichen Orientierung zerfallen diese Kosten in ein **Mengen-** und ein **Wertgerüst**.

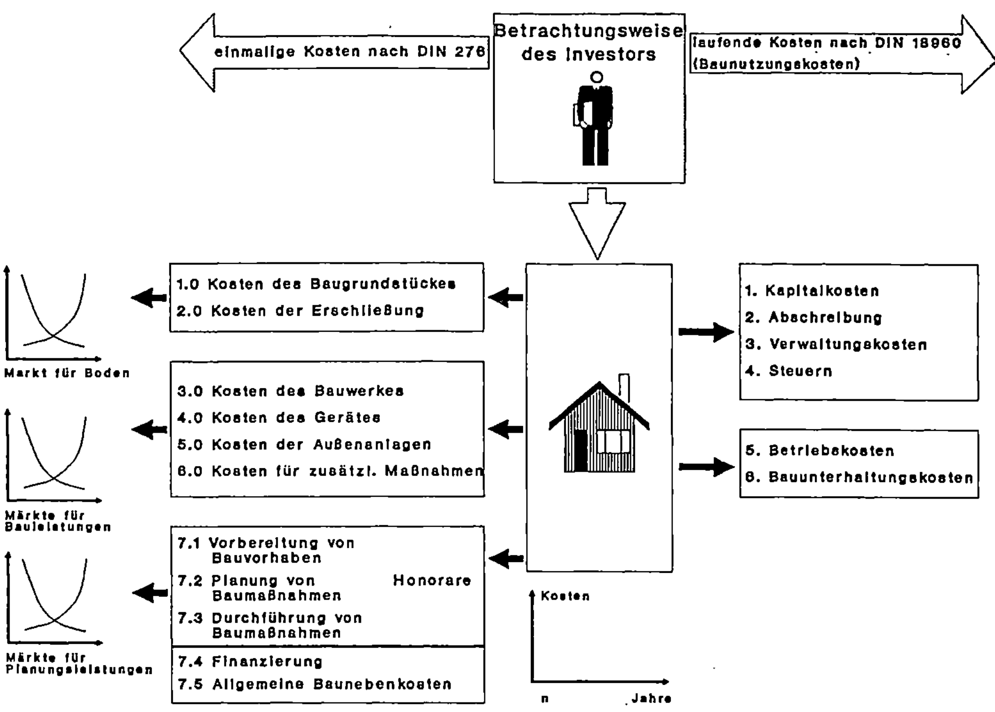

Abb. 4-1:   Betrachtungsrichtungen des Investors im Rahmen seiner
            Kostenpolitik

Wenn man den Planer als Disponenten von Bau- und Nutzungskosten
bezeichnet, so meint man damit in erster Linie das Mengengerüst, weil der
Planer durch seinen Entwurf - die gestalterischen Vorstellungen und qualitative
Festlegungen - nicht nur eine bestimmte Anzahl an m^3 BRI, m^2 BGF und
m2 HNF festlegt, sondern vielmehr in einer späteren Planungsphase diese
Mengen in sog. **VOB-Mengen** umsetzen muß.

Durch die Leistungsbeschreibung gibt er diesen VOB-Mengen anschließend
einen qualitativen Charakter. VOB-Mengen sind z.B.:

- m^2 Mauerwerk der Außenwand
- m^3 Deckenbeton
- m^2 Innenwandputz usw.

Die **Bewertung** dieses Mengengerüstes findet allerdings am Markt für Bauleistungen statt.

Damit ist also auch die Nähe zu den vorgelagerten Märkten für Planungs- und Bauleistungen hergestellt.

Die **kostenpolitischen Überlegungen** des Investors treffen also auf der einen Seite auf **preispolitische Vorstellungen** der bauausführenden Betriebe und auf der anderen Seite auf **honorarpolitische Vorstellungen** der Planer.

"Die Anbieter von Bauleistungen verlangen **Preise**, sie machen **Preispolitik**, die Anbieter von Planungsleistungen verlangen **Honorare**, sie machen **Honorarpolitik**. Für die Bauherren stellen die Preise für Bauleistungen und die Honorare **Kosten** dar, sie betreiben **Kostenpolitik**." [116]

4.1 Honorar-, Preis- und Kostenpolitik als Teilaspekt unternehmenspolitischer Maßnahmen

Betrachtet man die Architekten und Ingenieure, die bauausführenden Betriebe und den Bauherrn jeweils als einen separaten **Betrieb**, so sind hierfür zu Beginn des Kapitels die Teilaspekte:

- Honorarpolitik
- Preispolitik
- Kostenpolitik

getrennt darzustellen.

Diese dienen als Grundlage für die Darstellung einer Kostenpolitik in unterschiedlichen Objektbereichen unter Berücksichtigung differenzierter Zielvorstellungen der Investoren.

4.1.1 Honorarpolitik der beteiligten Architekten und Ingenieure

Die Planungsleistungen der Architekten und Ingenieure gehen neben den Bauleistungen der bauausführenden Betriebe und dem Boden in den sog. Kombinationsprozeß zur Erstellung von Bauwerken ein.

---

[116]   Pfarr, K.-H.: Baumanagement im Lichte veränderter wirtschafts- und sozialpolitischer Rahmenbedingungen, in: Bauwirtschaft, Heft 50 vom 12.12.1985, S. 1858

"Planungsleistungen werden vertraglich stets in Form sog. Leistungsversprechen abgewickelt. Die Planer versprechen ihrem Bauherrn nur eine bestimmte Leistung, dieser kann sie bei Vertragsabschluß weder messen, prüfen, begutachten. (...) Dem sonst üblichen Begriffspaar: **Preis - Leistung** muß also das Begriffspaar: **Leistungsversprechen - Honorarangemessenheitsbereich** (von - bis) gegenübergestellt werden." [117]

Der Mindest- und Höchstsatz einer Honorarzone soll damit also die entgeltliche Entsprechung für ein abgegebenes Leistungsversprechen wiedergeben.
Die Architekten und Ingenieure werden sich also immer dann als "angemessen" honoriert ansehen, wenn nicht nur alle Kostenarten des Büros durch die erzielten Honorarerlöse komplett gedeckt werden, sondern darüber hinaus noch ein Gewinn erzielt wird. [118]
Der mögliche Gewinn wird hierbei nicht unwesentlich von der vereinbarten Honorarzone bzw. vom Mindest- oder Höchstsatz beeinflußt.

In diesem Zusammenhang muß noch einmal darauf hingewiesen werden, daß die Honorare der Planungsleistungen zu den Preisen der Bauleistungen in einem ganz bestimmten Verhältnis stehen (Stichwort: Honorartafel). Damit partizipiert u.a. der Architekt in Phasen der Hochkonjunktur an überhöhten Baupreisen (evtl. sogar durch Preisabsprachen hervorgerufen). In Phasen der Rezession (möglicherweise ohne Preisabsprachen) kann dagegen der Honorarerlös bei identischen Planungsleistungen wesentlich geringer ausfallen.

Nachfolgend hierzu einige Berechnungen und deren Wertung als Grundlage für honorarpolitische Überlegungen der Architekten und Ingenieure.

Bei komplexen Bauobjekten, die auf der Grundlage eines Planungswettbewerbes zur Durchführung gelangen sollen, ergibt sich oft die Problemstellung, daß der erste Preisträger bislang noch kein Projekt dieser Größenordnung abgewickelt hat. Entschließt sich nun der Investor, diesen Architekten trotzdem mit dem kompletten Leistungsbild nach §15 HOAI oder nur mit den Leistungsphasen 1 bis 5 zu beauftragen, ergeben sich hieraus für den Investor, Projektsteuerer und Architekten differenzierte Problemstellungen.

---

[117]   Pfarr, K.-H.: Honorarfindung nach HOAI - aber wie ?, Berlin 1978, S. 26

[118]   vgl. Pfarr, K.-H.: Honorarfindung ..., a.a.O., S. 27

Hierzu seien beispielhaft jeweils drei typische Fragestellungen genannt:

1.) Aus dem Blickfeld des Architekten:

- Welcher Zeitaufwand in Stunden/Wochen/Monaten ist für die einzelnen Leistungsphasen erforderlich?

- Um wieviel Mitarbeiter muß ich das Büro zu welchem Zeitpunkt aufstocken, damit innerhalb der vom Investor bzw. Projektsteuerer vorgegebenen Frist z.B. die Leistungsphasen 1 bis 4 oder nur die Leistungsphase 5 komplett abgewickelt werden können?

- Welche Kontrollmöglichkeiten besitze ich, damit zu jedem Zeitpunkt ein Soll-Ist-Stundenvergleich erfolgen kann?

2.) Aus dem Blickfeld des Investors/Projektsteuerers:

- Welche Kontrollmöglichkeiten besitze ich, um festzustellen, ob der Architekt und die beteiligten Fachplaner die entsprechende Kapazität vorhalten, damit sie mit ihrer gesamten Planung die festgelegten Termine einhalten können?

- Wie kann ich den beauftragten Architekten und die Fachplaner verantwortungsbewußt mit Liquidität ausstatten, damit diese komplexe Bauaufgabe im gewünschten Rahmen (Planungs- und Bauzeit) fertiggestellt werden kann?

- Wie können Honorarstreitigkeiten während der Planungs- und Bauzeit vermieden werden, damit sich hieraus nicht auch noch Nachtragsforderungen der bauausführenden Betriebe ergeben?

Da die komplette Bearbeitung dieser differenzierten Fragestellungen den Rahmen dieser Arbeit sprengen würde, werden zu den einzelnen Punkten jeweils nur Ansätze zur Lösung der Problemstellung vorgestellt.

Im Rahmen der Vorkalkulation können auf der Grundlage der zu erwartenden Honorare für jede Fachsparte (Architektur, Tragwerksplanung, Technische Gebäudeausrüstung usw.) die sog. Honorardeckungsstunden ermittelt werden.

Diese lassen sich formelmäßig wie folgt ausdrücken:

$$\frac{\text{verfügbares Honorar (DM)}^{[119]}}{\text{Objektgröße (m}^3\text{ BRI)} \times \text{Stundensatz (DM/h)}^{[120]}} = \text{Honorardeckungsstunde}$$

Dieser Sachverhalt kann z.B. bei einer Objektgröße von 50.000 m³ BRI, einem Kostenkennwert von 500 DM/m³ BRI und der Honorarzone III, unter Berücksichtigung des Zahlenwerkes der Anlage 13 (Spalte G, Zeile 11), nachfolgende Honorardeckungsstunden für die Fachsparte Architektur ergeben.

$$\frac{1.243.070,72 \text{ DM} \quad (\text{Honorar})}{50.000 \text{ m}^3 \text{ BRI} \times 75,- \text{DM/h}} = 0,33 \text{ STD/m}^3 \text{ BRI}$$

Auf dieser Grundlage können, unter Berücksichtigung der drei Kostenkennwerte (DM/m³ BRI) und der beiden ausgewählten Honorarzonen, für Objektbereiche von 5.000 bis 50.000 m³ BRI, die in den beiden folgenden Abbildungen 4-2 und 4-3 dargestellten Streubereiche für Honorardeckungsstunden errechnet werden.

---

[119] vgl. Spalte G der Anlage 13 und Spalte H der Anlage 14.
Das Datenmaterial der Anlagen 13 und 14 dient ebenfalls als Ausgangsbasis differenzierter Berechnungen im Kapitel 4.2.1.
Daher sind die Erläuterungen zu den Spalten A bis F der Anlage 13 den Erläuterungen zur Tabelle 4-2 und die Erläuterungen zu den Spalten A bis G der Anlage 14 den Erläuterungen zur Tabelle 4-3 zu entnehmen.

[120] Die Berechnungen beruhen auf einem mittleren Stundensatz des Büros von 75,- DM für das Jahr 1987

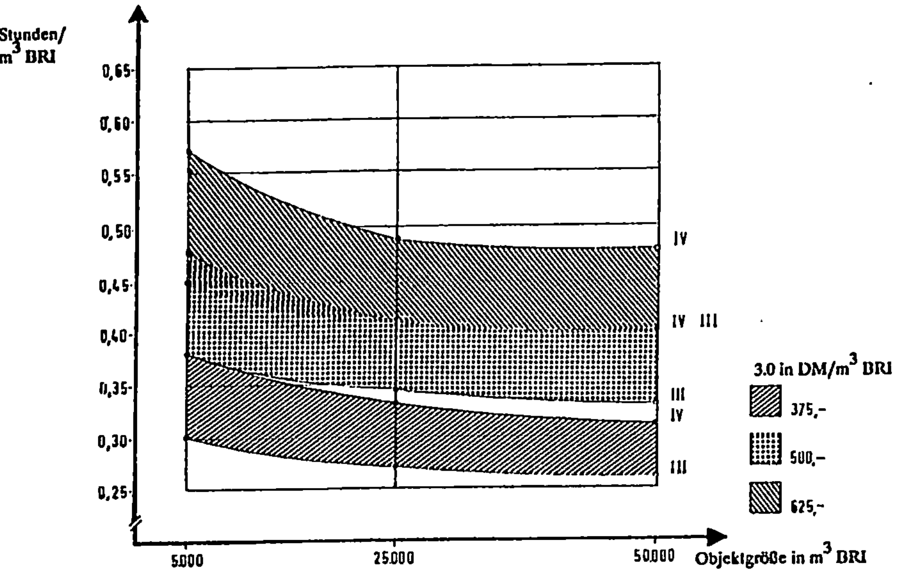

Abb. 4-2:	Streubereiche der Honorardeckungsstunden für Leistungen bei der Objektplanung von Gebäuden (Architektur)

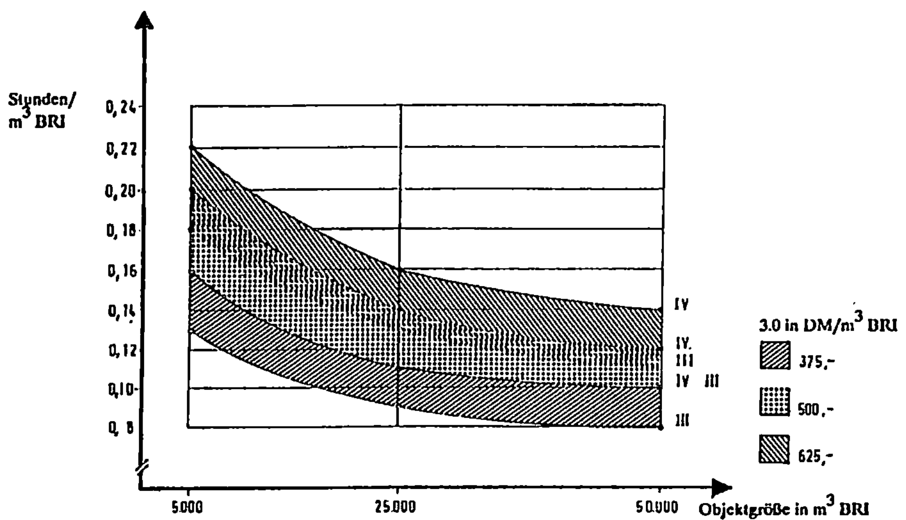

Abb. 4-3:	Streubereiche der Honorardeckungsstunden für Leistungen bei der Tragwerksplanung

Welche Erkenntnisse können diesen Abbildungen für honorarpolitische Überlegungen entnommen werden?
Einige Ansatzpunkte hierzu sollen an einem Verwaltungsgebäude vorgestellt werden:

Objektdaten:

- Objektgröße:	: 50.000 m^3 BRI
- Kostenkennwert für "Kosten des Bauwerkes"	: 625,- DM/m^3 BRI
- Prozentualer Anteil von 3.2/3.3 an 3.0	: 30 %
- HZ für Architektur	: IV
- Prozentualer Anteil von 3.1 an 3.0	: 70 %
- Prozentualer Anteil von 3.2 an 3.0	: 20,5 %
- HZ für Tragwerksplanung	: III

I) Vorkalkulation (Architektur): Ausgangssituation

Gemäß Abbildung 4-2 kann bei den Honorardeckungsstunden ein Wert von 0,48 h/m^3 BRI abgelesen werden.

$$0,48 \text{ h/m}^3 \text{ BRI} \times 50.000 \text{ m}^3 \text{ BRI} = 24.000 \text{ Stunden}$$

Diese 24.000 Stunden wären nun auf der Basis der prozentualen Wichtung der 9 Leistungsphasen nach § 15 aufzugliedern. Es empfiehlt sich jedoch, dies nicht für jede einzelne Leistungsphase separat zu ermitteln, sondern mit sogenannten Leistungsphasenpaketen zu arbeiten. Als abgeschlossene Pakete gelten in diesem Fall:

- Phase 1 - 4   mit 27 %
- Phase 5   mit 25 %
- Phase 6 - 9   mit 48 %

Daraus lassen sich nachfolgende Stundenbudgets errechnen:

- Phase 1-4 :   6.480 Stunden oder   810 Arbeitstage [121]
- Phase 5 :   6.000 Stunden oder   750 Arbeitstage
- Phase 6-9 : 11.520 Stunden oder 1.440 Arbeitstage

---

[121]   1 Arbeitstag (Mann-Tag) entspricht 8 Stunden

Unter Einbeziehung vorgegebener Planungsdaten wie

- Planungsbeginn (Abschluß des Architektenvertrages)
- Abgabe der Genehmigungsplanung
  usw.

kann man auf dieser Grundlage die jeweils notwendige **Kapazität** (z.B. Anzahl der Mitarbeiter) errechnen.

Weiterhin können diese Stundenbudgets für die Leistungsphasenpakete in einen Balkenplan als sog. Sollstunden (Tage) übertragen und permanent mit den tatsächlich notwendig gewordenen Stunden (Ist-Stunden) verglichen werden. [122]

Im Rahmen der Nachkalkulation empfiehlt es sich, die in den Abbildungen 4-2 und 4-3 angagebenen Honorardeckungsstunden laufend zu kontrollieren.

II) Senkung der "Kosten des Bauwerkes": (Fall I):

Nach Abschluß der Genehmigungsplanung erwartet der Investor vom Architekten, daß durch Verringerung der Qualitäten bei einzelnen Ausbau- und Gebäudetechnikgewerken, eine Senkung der Kosten des Bauwerkes um 10 Prozent realisiert werden kann.
Da das Bauvorhaben während eines konjunkturellen Einbruchs zur Durchführung gelangt (Hauptvergabezeit), können durch eine sehr günstige Vergabe der Bauleistungen weitere Einsparungen von 10 Prozent erzielt werden.
Welche Auswirkungen hat dies für das Architekturbüro?
Da sich die anrechenbaren Kosten um 20 Prozent verringern, tritt für die Phasen 5 bis 9 eine drastische Honorarminderung ein.

---

[122] Ein anderer Ansatz zur Bestimmung der Dauer von Planungsleistungen ist für die ersten fünf Leistungsphasen nach § 15 HOAI (ebenfalls auf der Grundlage von Nachkalkulationen) einer Auswertung von Rösel zu entnehmen:
Rösel, W.: Baumanagement-Grundlagen, Technik, Praxis, Springer Verlag 1987, Tab. 7.1, S. 206

Bei den Honorardeckungsstunden gemäß Abbildung 4-2 wäre bei 500,- DM/m^3 BRI jetzt ein Wert von 0,40 h/m^3 BRI zu beachten. Daraus lassen sich nachfolgende Budgets errechnen:

- Phase 5 : 5.000 Stunden oder ca. 625 Arbeitstage
  und
- Phase 6-9 : 9.600 Stunden oder ca. 1.200 Arbeitstage

Bei identischem Stundensatz von 75,- DM/Std. hat dies nun zur Folge, daß dem Architekten für die Phasen 5 bis 9 jetzt 365 Sollstunden weniger zur Verfügung stehen. (**Verringerung um 16,7 Prozent!**)

III) Vereinbarung einer anderen Honorarzone: (Fall II):

Bei Abschluß des Architektenvertrages gelingt es dem Investor, das Bauvorhaben aufgrund einer "geschickten" Honorarverhandlung in die Honorarzone III (Mindestsatz) einzuordnen.
Welche Konsequenzen ergeben sich hieraus für das beauftragte Architekturbüro?

- Die Veränderung der Honorarzone bewirkt keine Änderung der anrechenbaren Kosten (vgl. Zeilen 17 und 18 der Spalte G der Tabelle 4-2).

- Das zu erwartende Grundhonorar (o. MwSt.) verringert sich um 296.570,72 DM.

- Diese Grundhonorarminderung ergibt zwangsläufig die nachfolgend aufgeführten geringeren Sollstunden:

  - Phase 1 - 4 : 5.400 Stunden oder 675 Arbeitstage
  - Phase 5 : 5.000 Stunden oder 625 Arbeitstage
  - Phase 6 - 9 : 9.600 Stunden oder 1.200 Arbeitstage.

- Insgesamt stehen dem Architekten also bei einer Herabstufung der Honorarzone von IV nach III, unter Beachtung der angegebenen Randbedingungen, 4.000 Sollstunden weniger zur Verfügung.

Die Herabstufung in die Honorarzone III macht einen permanenten Soll-Ist-Stundenvergleich **zwingend** notwendig.

Aus einer Überschreitung des Budgets für die Phasen 1-4 würde der Architekt evtl. nachfolgende Schlußfolgerungen ziehen:

- Verringerung des "Aufwandes" für die Ausführungsplanung

- Verringerung der "Anstrengungen" (Aufwand) während der Vergabe von Bauleistungen.

Für den Investor bedeutet dies, daß er mit höheren Kosten des Bauwerkes und evtl. auch Betriebs- und Bauunterhaltungskosten zu rechnen hat.

Nachfolgender Tabelle 4-1 sind die wichtigsten Ergebnisse der 3 vorgestellten Sachverhalte zu entnehmen.

Tab. 4-1:   Gegenüberstellung von Eckdaten für honorarpolitische Überlegungen

	Ausgangs-situation	Fall I	Fall II
1	2	3	4
1 Objektgröße	50.000 m^3 BRI	50.000 m^3 BRI	50.000 m^3 BRI
2 Kostenkennwert 3.0	625,- DM/m^3 BRI	500,- DM/m^3 BRI	625,- DM/m^3 BRI
3 3.0 (incl. MwSt.)	31.250.000,- DM	25.000.000,- DM	31.250.000,- DM
4 Summe anrechenbare Kosten	25.699.013,16 DM	21.244.517,54 DM	25.699.013,16 DM
5 Honorarzone	IV	IV	III
6 Grundhonorar (o. MwSt.)	1.786.865,95 DM	1.497.769,19 DM	1.490.295,23 DM
7 Stundensatz	75,- DM/h	75,- DM/h	75,- DM/h
8 Honorardeckungsstunde	0,48 h/m^3 BRI	0,40h/m^3 BRI	0,40h/m^3 BRI
9 Sollstunden (Phasen 1-9)	24.000	20.000	20.000

Die Spalten (3) und (4) dieser Tabelle zeigen recht deutlich, daß für die **Honorierung des Architekten** eine Herabstufung der Honorarzone fast ebensolche Auswirkungen hat wie eine Verringerung der "Kosten des Bauwerkes" um 20 Prozent (vgl. Zeile 6 der Spalten 3 und 4).

Welche Konsequenzen sich hieraus für den Investor, insbesondere aus den Ergebnissen der Zeilen 3 und 6 der Spalten 3 und 4, ergeben, wird im Zusammenhang mit den Erläuterungen zur Kostenpolitik der Investoren im Objektbereich Büro- und Verwaltungsbauten (Kapitel 4.2) angesprochen.

4.1.2 Preispolitik der bauausführenden Betriebe

Die Entwicklung der Kosten des Bauwerkes der vorgestellten Objektbereiche wird im Wesentlichen von den Qualitätsfestlegungen des Bauherrn bzw. Architekten in den Bereichen

- Rohbau
- Ausbau
- Gebäudetechnik

vorbestimmt (vgl. Analysen im Kapitel 3).

Des weiteren wird die Entwicklung jedoch von den preispolitischen Überlegungen der bauausführenden Betriebe in den ganannten Bereichen bestimmt.
Es würde den Rahmen dieser Arbeit sprengen, wenn alle preispolitischen Überlegungen systematisch zu erarbeiten wären; außerdem gibt es hierüber ausreichend spezielle Literatur. [123] [124]
Daher soll an dieser Stelle nur ein kurzer Einblick in preispolitische Möglichkeiten während der Hochkonjunktur bzw. Rezession am Beispiel des Leitgewerkes Beton- und Stahlbetonarbeiten gegeben werden.

Submissionsergebnisse zeigen dem Investor, daß bei den bauausführenden Betrieben hinsichtlich der Festlegung des Angebotspreises eine sehr große "von-bis-Spanne" möglich ist. Da der Investor die Bauleistungen nur zu "ange-

---

[123]   Pfarr, K.-H.: Baukalkulation auf der Grundlage von fixen und variablen Kosten, Wiesbaden - Berlin 1970

[124]   Pfarr, K.-H.: Die Bauunternehmung, Wiesbaden - Berlin 1967

messenen" Preisen vergeben möchte, muß sich der bauausführende Betrieb möglichst nahe an die Preisvorstellungen des Investors herantasten, damit er mit möglichst geringem Abstand zum nächsthöheren Bieter den Zuschlag erhält. [125]

Insbesondere Investoren, die permanent bauen, erkennen, daß bei ähnlichen, in kurzen Zeitabständen erfolgten Ausschreibungen, von der Firma X völlig unterschiedliche Angebote abgegeben werden.
Eine Ursache hiefür kann sein, daß der Kalkulator in einer Leistungsbeschreibung mögliche Ansatzpunkte für Nachtragsforderungen erkannt hat und daher bewußt einen niedrigen Angebotspreis abgegeben hat, um so auf jeden Fall den Zuschlag zu erhalten.

Als weiterer Grund muß hierfür auch der Beschäftigungsgrad der Firma X genannt werden. Bei einer Vollbeschäftigung wird die Firma X natürlich einen Preis abgeben, der nicht nur so hoch ist, daß langfristig sämtliche Kosten abgedeckt werden, sondern vielmehr auch ein Gewinn erwirtschaftet wird.
Auch in Zeiten der Rezession wird also eine Firma erst bei rückläufiger Beschäftigung sich dem veränderten Markt mit niedrigeren Preisforderungen anpassen.

Für den Investor wird dies z.B. beim Gewerk Beton- und Stahlbetonarbeiten an den preispolitischen Vorstellungen der ersten drei Positionen des Leistungsverzeichnisses

- Pos. 1 :   Einrichten der Baustelle
- Pos. 2 :   Vorhalten der Baustelle
- Pos. 3 :   Räumen der Baustelle

sichtbar.
In den Phasen der Rezession sind die bauausführenden Betriebe bereit, entweder bei allen drei Positionen Preisnachlässe zu gewähren oder auf die Vorhaltekosten (Pos. 2) gänzlich zu verzichten.

Auskunft hierüber gibt der prozentuale Anteil der Baustelleneinrichtung an den Kosten des Rohbaus (3.1.1 und 3.1.2 nach DIN 276). Die Ergebnisse dieses Sachverhaltes sind der Anlage 8 im Anhang zu entnehmen. Während in Phasen der Rezession hier durchschnittlich 5 Prozent zu berücksichtigen sind, weisen die anderen Phasen durchschnittlich einen Wert von 8 bis 9 Prozent auf (mit

---

[125]   vgl. Pfarr, K.-H.: Baukalkulation ..., a.a.O., S. 10

den entsprechenden Ausschlägen auf bis zu 15 Prozent, die sich aus den Schwierigkeiten der Baustelle ergeben; diese Werte sind natürlich in einer Hochkonjunktur eher durchsetzbar).

Außerdem ist zu beachten, daß mit den preispolitischen Überlegungen des Kalkulators gleichzeitig **betriebspolitische Entscheidungen** hinsichtlich Beschäftigungs-, Investitions-, Kosten- und Liquiditätspolitik getroffen werden. [126]

Die Festlegung der Untergrenze für die Preisforderungen macht es notwendig, alle relevanten Kostenarten auf Einsparungsmöglichkeiten hin zu untersuchen. Reicht dies nicht aus, um für ein Angebot den Zuschlag zu bekommen, so müssen zwangsläufig Kapazitäten (evtl. nur Personal) abgebaut oder Kurzarbeit beantragt werden.
Aus diesem Grunde dimensionieren viele bauausführende Betriebe ihre Kapazität äußerst gering. Bei erfolgter Zuschlagserteilung wird in Zeiten der Rezession dann auf Subunternehmer zurückgegriffen und in Zeiten des konjunkturellen Aufschwungs kurzfristig Personal eingestellt.
Für spezielle Probleme einer Preispolitik der bauausführenden Betriebe sei abschließend auf die zitierte Literatur verwiesen.

4.1.3 Kostenpolitik der Investoren

Blickt man nochmals auf Abbildung 4-1 zurück, so prägen sich in erster Linie die beiden Betrachtungsrichtungen des Investors ein.
Im weiteren geht es daher um die Fragestellung, welche Richtung für ausgewählte Investorengruppen aus den Objektbereichen

- Büro- und Verwaltungsbauten
  und
- Wohnungsbauten

unter Einbeziehung der unterschiedlichen Zielvorstellungen hierbei im Vordergrund steht.

Für die Investoren in beiden Objektbereichen ergibt sich unmittelbar nach Formulierung der Bauidee die Frage: Mit Hilfe welcher Organisationsformen können die gestellten Ziele, unter Berücksichtigung der Randbedingungen, verwirklicht werden?

---

[126]   vgl. Pfarr, K.-H.: Baukalkulation ..., a.a.O., S. 11

Überlegungen hinsichtlich kooperativer Planungen bei technisch-komplexen Bauobjekten stehen jedoch nicht im Mittelpunkt dieser Arbeit. Hier sei auf eine andere grundlegende Bearbeitung verwiesen. [127)

Die Festlegung auf:

- Einzelfachplaner   (1)
- Generalplaner   (2)
- Einzelunternehmer   (3)
- Generalunternehmer   (4)
- Generalübernehmer   (5)
- Totalunternehmer   (6)
- Totalübernehmer   (7)

wird nicht unerheblich vom Typus des Investors und seiner Risikobereitschaft beeinflußt. [128)

Es ist zu berücksichtigen, daß die Auswahl der bestimmten Organisationsform von der differenzierten Ausprägung der

- Qualitätsziele,
- Zeitziele
  und
- Kostenziele

des Investors beeinflußt werden. [129)

Wenn auch in diesem Kapitel die Kostenpolitik des Investors im Vordergrund steht, so darf das Kostenziel nicht separat betrachtet werden, es müssen vielmehr auch die Zielvorstellungen hinsichtlich **Qualität** und **Zeit** berücksichtigt werden.

[127)   Hotzel, W.: Kooperative Planung für technisch-komplexe Bauobjekte -
         Aspekte zur Qualifizierung und Rationalisierung fachübergreifender
         Planungsprozesse unter Anwendung kooperativer Vertragsformen,
         Dissertation, Berlin 1979

[128)   Eine ausführliche Erläuterung der möglichen Organisationsformen wird
         abgehandelt in: Pfarr, K.-H.: Grundlagen der Bauwirtschaft, Essen 1984,
         S. 269 ff.

[129)   vgl. hierzu Will, L.: Die Rolle des Bauherrn im Planungs- und Bauprozeß,
         Frankfurt a.M. - Bern - New York 1982, S. 115 ff.

4.2 Kostenpolitik im Objektbereich Büro- und Verwaltungsbauten

Für diesen Objektbereich sind als Anbieter von Büroflächen nachfolgende unterschiedliche Bauherrentypen zu beachten:

I)   Der **Gewerbliche Bauherr** errichtet ein Bauobjekt "schlüsselfertig" und möchte es anschließend veräußern.

II)   Der **Gewerbliche Bauherr** (Versicherungskonzern) möchte sein Bauobjekt langfristig an ein Unternehmen **vermieten**.

III) Der **Gewerbliche Bauherr** (z.B. Versicherungskonzern, Automobilkonzern, Elektrokonzern) tritt selbst als **Nutzer** auf.

IV)   Der **Öffentliche Bauherr** tritt selbst als **Nutzer** auf (z.B. Rathaus).

Betrachtet man zunächst nur den gewerblichen Bauherrn, der sein Bauobjekt selbst nutzen will, so gilt für diesen, daß durch die Investition in ein Bauobjekt die Produktionskosten (PKW, Personalcomputer, Versicherungspolice usw.) indirekt beeinflußt werden. [130]
So kann für diesen Bauherrentyp durchaus zutreffen, daß durch ein überstürzt geplantes und gebautes Verwaltungsgebäude, realisiert aufgrund unrealistischer Umsatzentwicklungsprognosen, die Konkurrenzfähigkeit des gesamten Unternehmens beeinflußt wird.
Eine nicht zu realisierende Vermietung nichtbenötigter Büroflächen verursacht weiterhin laufende Kosten nach DIN 18960, denen keine Einnahmen entgegenstehen.

Alle vier unterschiedlichen Bauherrentypen verfolgen ein unterschiedliches Interesse hinsichtlich der Disposition der einmaligen Kosten (incl. Planungskosten) und der laufenden Kosten. [131]
An diesen unterschiedlichen Zielvorstellungen, also einer differenzierten Kostenpolitik, hat der Planer seine gesamte "Kostenplanung" auszurichten. [132]

---

[130]   vgl. Schmidt, H.-P.: Planung und Realisierung von Geschäftsbauten, in: io Management-Zeitschrift, Jahrgang 1986, Nr. 5, S. 235 ff.

[131]   vgl. hierzu auch Will, L.: Die Rolle des Bauherrn im Planungs- und Bauprozeß, Frankfurt, Bern, New York 1982, S. 120 ff.

[132]   vgl. Blecken, U.: Wirtschaftliche Ziele bei der Gebäudeplanung, in: Der Betriebsberater, in: Bauwirtschaft, Heft 17 vom 25.04.1985, S. 602 ff.

Abschließend noch einige Anmerkungen zum Markt für Büroflächen.

Die Entwicklung der einmaligen und laufenden Kosten in diesem Objektbereich wird nicht unerheblich vom Angebot und der Nachfrage nach Büroflächen geprägt. Der Markt für Büro- und "Verwaltungs"-flächen zeichnet sich hierbei durch nachfolgenden Zyklus aus:

Am Beginn steht eine spürbare Nachfrage nach Büroflächen. Daraufhin werden von gewerblichen und öffentlichen Bauherren die Projekte initiiert. Dies hat zur Folge, daß in diesem Objektbereich nun ein Bauboom mit daraus resultierenden Preissteigerungen einsetzt.

Da der Zeitpunkt der Befriedigung der Nachfrage und das Ende der Bautätigkeit niemals deckungsgleich sein werden, wird immer ein gewisser Überhang an Büroflächen entstehen. Nachdem sich dieser Überhang für den Investor durch Vermietungs- und Veräußerungsschwierigkeiten bemerkbar gemacht hat, wird die Bautätigkeit drastisch eingeschränkt.

Die Nachfrage wird also erst dann wieder steigen, wenn sich das Angebot verringert oder wenn von seiten der Nachfrager völlig andere Vorstellungen hinsichtlich:

● Standort

● Anbindung an das Verkehrsnetz

● Selbstdarstellungsmöglichkeiten

● Qualitäten im Ausbau- und Gebäudetechniksektor

  - Flächenzuschnitt
  - Schallschutz
  - Betriebskostensituation
  - Einsatzmöglichkeiten moderner Kommunikations- und Arbeitsmittel
    (Stichwort: technischer Komfort). [133]

vorgetragen werden.

---

[133]   vgl. hierzu: Rohrbach, W.: Anmerkungen zum Markt der gewerblichen und gemischt genutzten Objekte, in: Der langfristige Kredit, Jahrgang 1986, Heft 10, S. 300 ff.

4.2.1 Die Disposition ausgewählter einmaliger Kostengruppen untereinander

Als Ergebnis der Tätigkeit von Architekten und Kostenplanern stehen im Rahmen der Grund- und Besonderen Leistungen fast ausschließlich die "Kosten des Bauwerkes" im Vordergrund.

Für den Bauherrn stellen diese "Kosten des Bauwerkes" jedoch vorerst nur ein Teilergebnis der "Gesamtkosten nach DIN 276" dar. Für ihn ist also auch entscheidend, in welcher Höhe die:

- Kosten des Baugrundstückes
- Kosten der Erschließung
- Kosten des Gerätes
- Kosten der Außenanlagen
- Kosten für zusätzliche Maßnahmen
- Baunebenkosten

zu berücksichtigen sind.

Fast alle bisherigen Forschungsvorhaben und Analysen, insbesondere zum Objektbereich Büro- und Verwaltungsbauten, haben sich ausschließlich mit den "Kosten des Bauwerkes" beschäftigt. Die weiteren Kostengruppen wurden in der Problematik teilweise nur am Rande erwähnt.

Die Ergebnisse einer Auswertung der Fachliteratur zu diesem Problembereich lassen sich in zwei Komplexe zusammenfassen:

- keine Angaben bzw. Hinweise für eine pauschalierte Ermittlung der Kostengruppen 1.0; 2.0 und 5.0.

- Ermittlung der Kostengruppen 4.0; 6.0 und 7.0 als Prozentsatz von den Kosten des Bauwerkes (3.0).

Es fehlen jedoch in den meisten Fällen wichtige Anmerkungen darüber, von welchen Randbedingungen diese Prozentsätze abhängig sind.

Daher haben Architekt und Investor unbedingt darauf zu achten, daß z.B. eine Erhöhung der Kostensicherheit durch die Ermittlung der Kosten der Baukonstruktionen (3.1 nach DIN 276) auf der Basis von Gebäudeunterelementen, beauftragt im Rahmen einer Besonderen Leistung, nicht durch eine leichtfertige prozentuale Schätzung der Kostengruppen 4.0, 6.0, aber vor allem 7.0 zunichte gemacht wird.

Im Zusammenhang mit der Disposition der weiteren Kostengruppen untereinander werden jedoch **nur** die Baunebenkosten näher betrachtet. Dies
geschieht auch unter dem Blickfeld, daß insbesondere diese Kostengruppe in
den letzten Jahren bei einigen Objektbereichen bzw. Bauherrentypen überproportional gestiegen ist.

In dieser weiteren Analyse sollen daher Aussagen zur differenzierten Abhängigkeit der "Baunebenkosten" von den "Kosten des Bauwerkes" untermauert
werden.
Für diesen Zweck werden die gesamten Baunebenkosten mit der Untergliederung:

- 7.1 Vorbereitung von Bauvorhaben
- 7.2 Planung von Baumaßnahmen
- 7.3 Durchführung von Baumaßnahmen
- 7.4 Finanzierung
- 7.5 Allgemeine Baunebenkosten

in nachfolgende drei Komplexe zusammengefaßt:

- A: Honorare   (7.1 - 7.3)
- B: Finanzierung   (7.4)
- C: Allgemeine Baunebenkosten   (7.5)

Im Rahmen dieser Arbeit kann jedoch nur der Komplex der Honorare ausführlich bearbeitet werden.
Da in den Honorartafeln der Teile I-XIII der HOAI die Honorare jeweils nur als
"von-bis-Spanne" (in DM) in Abhängigkeit von der Honorarzone und den
anrechenbaren Kosten aufgetragen sind, kann eine prozentuale Abhängigkeit
nicht direkt abgelesen werden.

Nachfolgende Abbildung 4-4 gibt den genauen prozentualen Verlauf der
Honorare für zwei ausgewählte Honorarzonen, in Abhängigkeit von den
anrechenbaren Kosten, wieder. Im einzelnen werden nachfolgende drei
Honorartafeln analysiert:

- §16 HOAI: Honorartafel für Grundleistungen bei Gebäuden und raum-
                 bildenden Ausbauten (Architekt)

- §65 HOAI: Honorartafel für Grundleistungen bei der Tragwerksplanung

- §74 HOAI: Honorartafel für Grundleistungen bei der Technischen
                 Ausrüstung.

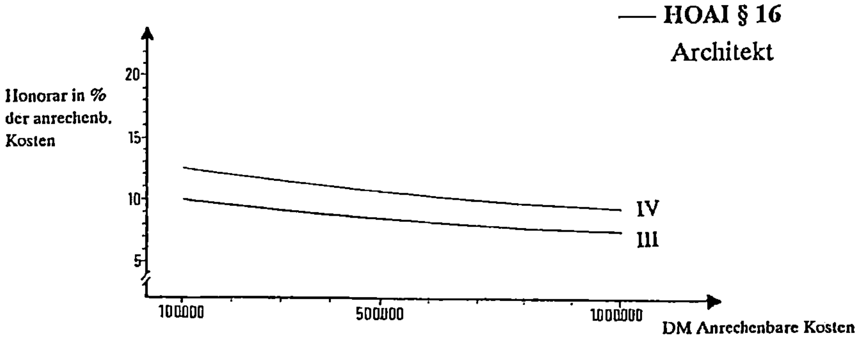

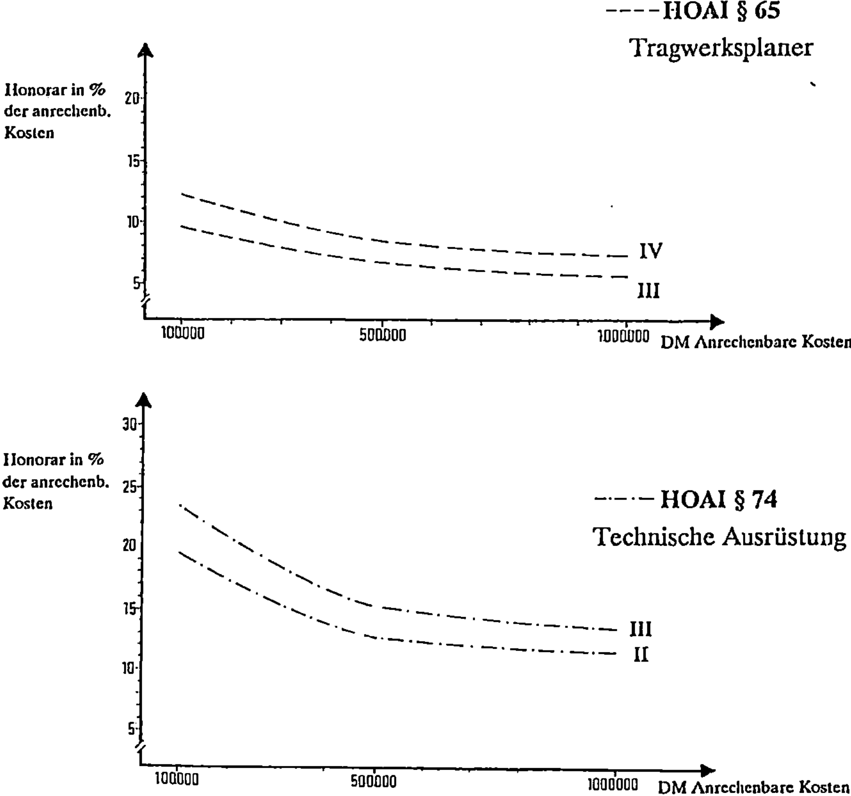

Abb. 4-4: Honorarzonenverlauf (Degressionseffekt) der Honorartafeln nach § 16, § 65 und § 74 HOAI bei jeweils zwei unterschiedlichen Honorarzonen

Abb. 4-4 vermittelt nachstehend aufgeführte Erkenntnisse:

- Der **Degressionseffekt** der Honorarkurven nimmt bei jeder Honorartafel einen völlig **unterschiedlichen Verlauf**

- Die Abhängigkeit des **Prozentsatzes** für die Honorare von der beauftragten Honorarzone und der Höhe der anrechenbaren Kosten

- Da diese sechs Kurven bei allen Bauobjekten in völlig unterschiedlicher Kombination zusammentreffen können, wird erkennbar, welche große "von-bis-Spanne" bei den Honorarprozentsätzen möglich ist.

Damit wird es notwendig, für den Architekten und Investor ein Instrumentarium zu erarbeiten, mit dem man die Honorare (als Teil der gesamten Baunebenkosten) für den ausgewählten Objektbereich mit größtmöglicher Kostensicherheit schätzen kann.

Als zu beachtende Randbedingungen werden gewählt:

- Kostenkennwerte in DM/m^3 BRI,
- Objektgröße (m^3 BRI),
- Technisierungsgrad
  und
- Honorarzone.

Aus den Ergebnissen kann auch ein Verfahren entwickelt werden, das z.B. für die Gebäudeversicherer gesicherte Angaben zur "tolerierbaren" Höhe der Baunebenkosten im Zusammenhang mit der Festsetzung des Gebäude-Versicherungswertes erlaubt.
Bei der Analyse der Baunebenkosten für diesen Objektbereich ist zu beachten, daß im Regelfall sämtliche Honorare separat in den Kostengruppen 7.1 bis 7.3 der Kostenfeststellungen der abgewickelten Bauvorhaben aufgeführt sind.
Es wäre also möglich, hieraus Kennzahlen wie:

- Architektenhonorar als Prozentsatz von den Kosten des Bauwerkes,

- Tragwerksplanungshonorar als Prozentsatz von den Kosten der Baukonstruktionen,

- Honorare für die Technische Gebäudeausrüstung als Prozentsatz von den Kosten der Gebäudetechnik (3.2/3.3),

- Honorare in DM/m^3 BRI bzw. DM/m^2 BGF

zu ermitteln.

Hierbei ist jedoch zu berücksichtigen, daß dem Datenmaterial der Kostenfeststellungen nicht zu entnehmen ist, welche Honorarzonen jeweils vereinbart waren, bzw. ob der gesamte Leistungsumfang (Leistungsbild) beauftragt war und honoriert wurde. Daher wird im Rahmen dieser Arbeit für die Darstellung der Honorare ein anderer Weg beschritten.

Grundlage bildet das Datenmaterial zur Darstellung der Kostentransparenz der "Kosten des Bauwerkes" im 3. Kapitel. Diese Analysen haben gezeigt, daß z.B. für die Kosten des Bauwerkes für diesen Objektbereich im Jahre 1984 durchschnittlich mit einem Betrag von 500,- DM/m^3 BRI zu rechnen war.
Als "von-bis-Spanne" innerhalb des $^+$/- 25-Prozent-Streubereiches wurden 375,- DM/m^3 BRI bzw. 625,- DM/m^3 BRI ermittelt.

Für diese drei aufgeführten Kostenkennwerte sind anschließend, in Abhängigkeit von unterschiedlichen Objektgrößen und Technisierungsgraden, die

- Architektenhonorare (nach Teil II der HOAI)

- Tragwerksplanerhonorare (nach Teil VIII der HOAI)

darzustellen und daraus wichtige Kennzahlen zu ermitteln.

Die nachfolgenden drei unterschiedliche Objektgrößen sind bei den detaillierten Berechnungen zu beachten:

- Typ A :   5.000 m^3 BRI
- Typ B :   25.000 m^3 BRI
- Typ C :   50.000 m^3 BRI

Die Ergebnisse dieser Berechnungen zum Architektenhonorar sind der Tabelle 4-2 zu entnehmen. [134]

---

[134]   vgl. hierzu auch die Anlage 13

Tab. 4-2: Architektenhonorierung für Grundleistungen bei Gebäuden und raumbildenden Ausbauten
Honorargrundlagen: §§ 12, 15 und 16 HOAI (Architektenhonorar) Honorarzonen III und IV

3.0 in DM/m^3 BRI	3.2/3.3 in % von 3.0		Objektgröße in m^3 BRI	Summe 3.0 in DM (incl. MwSt.)	Anrechenbare Kosten (o. MwSt.)	Honorar-Zone	Objekthonorar in DM (incl. MwSt.)	Honorar in DM/m^3 BRI (incl. MwSt.)	Honorar in % von 3.0
A	B		C	D	E	F	G	H	I
375	20 %	1	5.000	1.875.000	1.644.736,84	III	130.080,90	26,02	6,94
		2	5.000	1.875.000	1.644.736,84	IV	163.885,65	32,78	8,74
		3	25.000	9.375.000	8.223.684,21	III	567.003,00	22,68	6,05
		4	25.000	9.375.000	8.223.684,21	IV	695.434,50	27,82	7,42
		5	50.000	18.750.000	16.447.368,42	III	1.104.796,50	22,10	5,89
		6	50.000	18.750.000	16.447.368,42	IV	1.336.254,00	26,73	7,13
500	25 %	7	5.000	2.500.000	2.124.451,75	III	163.010,88	32,60	6,52
		8	5.000	2.500.000	2.124.451,75	IV	205.053,19	41,01	8,20
		9	25.000	12.500.000	10.622.258,77	III	721.831,66	28,87	5,77
		10	25.000	12.500.000	10.622.258,77	IV	878.582,13	35,14	7,03
		11	50.000	25.000.000	21.244.517,54	III	1.417.100,63	28,34	5,67
		12	50.000	25.000.000	21.244.517,54	IV	1.707.456,88	34,15	6,83
625	30 %	13	5.000	3.125.000	2.569.901,32	III	193.581,19	38,72	6,19
		14	5.000	3.125.000	2.569.901,32	IV	243.291,47	48,66	7,79
		15	25.000	15.625.000	12.849.506,58	III	868.259,39	34,73	5,56
		16	25.000	15.625.000	12.849.506,58	IV	1.053.574,31	42,14	6,74
		17	50.000	31.250.000	25.699.013,16	III	1.698.936,56	33,98	5,44
		18	50.000	31.250.000	25.699.013,16	IV	2.037.027,19	40,74	6,52

Erläuterungen zur Tabelle 4-2:

- Spalte A zeigt die drei unterschiedlichen Kostenkennwerte in DM/m^3 BRI.

- Die Kostenkennwerte in Spalte A sind u.a. auch von einem bestimmten Technisierungsgrad I (Anteil von 3.2/3.3 an 3.0) abhängig; dieser ist der Spalte B zu entnehmen.

- Spalte C gibt die unterschiedlichen Objektgrößen wieder.

- Die jeweiligen Kosten des Bauwerkes sind der Spalte D zu entnehmen.

- Da der Architekt die Kostengruppen 3.2 - 3.4 fachlich nicht plant und deren Ausführung auch fachlich nicht überwacht, gibt Spalte E die anrechenbaren Kosten unter Beachtung von § 10 Absatz 4 der HOAI wieder.

- Das Objekthonorar (incl. MwSt.) für die Honorarzonen III und IV ist der Spalte G zu entnehmen.

- Hieraus lassen sich wiederum die Honorare in DM/m^3 BRI ermitteln. Die Ergebnisse sind der Spalte H zu entnehmen.

- Bezieht man die Spalte G auf die Spalte D (Kosten des Bauwerkes) so erhält man in Spalte I die jeweiligen Prozentsätze des Architektenhonorars.

- Damit wird deutlich, daß bei einer Spanne von 1.875.000,- DM bis 31.250.000,- DM (Kosten des Bauwerkes) unter Berücksichtigung der beiden vorgegebenen Honorarzonen, bei den Prozentsätzen eine Spanne von 5,44 bis 8,74 Prozent möglich ist. (vgl. Zeilen 17 und 2 der Spalte I)

- Den Zeilen 1 und 2 der Spalte I ist zu entnehmen, daß bereits durch eine veränderte Honorarzone der Prozentsatz von 6,94 auf 8,74 steigt.

Die Analyse der Honorierung von Leistungen bei der Tragwerksplanung macht es notwendig, die Rahmenbedingungen, die für die Honorierung von Leistungen bei der Objektplanung von Gebäuden (Architektur) zu beachten waren, so

zu erweitern, daß § 62 Abs. 5 der HOAI [135] eingearbeitet werden kann.
Die Ergebnisse der differenzierten Berechnungen sind der nachfolgenden
Tabelle 4-3 zu entnehmen. [136]

Erläuterungen zur Tabelle 4-3:

- Der für die pauschale Berechnung notwendige prozentuale Anteil der
  Kostengruppe 3.1 (Baukonstruktionen) an den Kosten des Bauwerkes ist
  der Spalte B zu entnehmen.

- Der prozentuale Anteil der Kostengruppe 3.2 (Installationen) an den Kosten
  des Bauwerkes wird in Spalte C aufgeführt.

- Auf der Grundlage der Daten der Spalten A bis G wurden die Objekt-
  honorare (incl. Mwst) errechnet und in die Spalte H übertragen.

- Hieraus lassen sich wiederum die Honorare in DM/m^3 BRI ermitteln. Die
  Ergebnisse sind der Spalte I zu entnehmen.

- Bezieht man nun die Spalte H auf die Spalte E (Kosten des Bauwerkes), so
  erhält man in Spalte K die jeweiligen Prozentsätze des Tragwerksplanungs-
  honorars.

- Unter Berücksichtigung der Rahmendaten ist bei den Prozentsätzen also
  eine Spanne von 1,54 bis 3,7 Prozent möglich. (vgl. Zeilen 17 und 2 der
  Spalte K).

- Bei kleineren Objekten (5.000 m^3 BRI) steigt z.B. der Prozentsatz durch eine
  veränderte Honorarzone nur von 2,95 auf 3,7 (Zeilen 1 und 2 der Spalte K).

---

[135]   (5) Die Vertragsparteien können bei Auftragserteilung schriftlich verein-
        baren, daß abweichend von Absatz 4 anrechenbare Kosten sind:
        55 v.H. der Kosten der Baukonstruktionen und besonderen Bau-
        konstruktionen (DIN 276, Kostengruppen 3.1.0.0 und 3.5.1.0) und 20 v.H.
        der Kosten der Installationen und besonderen Installationen (DIN 276,
        Kostengruppen 3.2.0.0 und 3.5.2.0).

[136]   vgl. hierzu auch die Anlage 14

Tab. 4-3: Tragwerksplanerhonorierung für Grundleistungen bei der Tragwerksplanung nach Teil VIII der HOAI
Honorargrundlagen: §§ 63, 64 und 65 HOAI (Tragwerksplanungshonorar) Honorarzonen III und IV

3.0 in DM/m³ BRI	3.1 in % von 3.0	3.2 in % von 3.0		Objektgröße in m³ BRI	Summe 3.0 in DM (incl. MwSt.)	Anrechenbare Kosten (o. MwSt.)	Honorar-Zone	Objekthonorar in DM (incl. MwSt.)	Honorar in DM/m³ BRI (incl. MwSt.)	Honorar in % von 3.0
A	B	C		D	E	F	G	H	I	K
375	80 %	14 %	1	5.000	1.875.000	769.736,84	III	55.383,15	11,08	2,95
			2	5.000	1.875.000	769.736,84	IV	69.454,05	13,89	3,70
			3	25.000	9.375.000	3.848.684,21	III	199.103,85	7,96	2,12
			4	25.000	9.375.000	3.848.684,21	IV	244.630,65	9,79	2,61
			5	50.000	18.750.000	7.697.368,42	III	345.698,25	6,91	1,84
			6	50.000	18.750.000	7.697.368,42	IV	421.020,90	8,42	2,25
500	75 %	17 %	7	5.000	2.500.000	979.166,67	III	67.075,23	13,42	2,68
			8	5.000	2.500.000	979.166,67	IV	83.866,00	16,77	3,35
			9	25.000	12.500.000	4.895.833,33	III	241.205,95	9,65	1,93
			10	25.000	12.500.000	4.895.833,33	IV	295.454,99	11,82	2,36
			11	50.000	25.000.000	9.791.666,67	III	418.683,05	8,37	1,67
			12	50.000	25.000.000	9.791.666,67	IV	508.352,13	10,17	2,03
625	70 %	20,5 %	13	5.000	3.125.000	1.167.763,16	III	76.927,13	15,39	2,46
			14	5.000	3.125.000	1.167.763,16	IV	95.955,23	19,19	3,07
			15	25.000	15.625.000	5.838.815,79	III	277.473,08	11,10	1,78
			16	25.000	15.625.000	5.838.815,79	IV	339.121,43	13,56	2,17
			17	50.000	31.250.000	11.677.631,58	III	480.177,53	9,60	1,54
			18	50.000	31.250.000	11.677.631,58	IV	581.640,90	11,63	1,86

Blickt man nochmals auf das umfangreiche Datenmaterial der Tabellen 4-2 und 4-3 zurück, so stellt sich abschließend die Frage: Wie können die dort aufgeführten Daten dem Investor als Hilfsmittel für die Bestimmung bzw. Disposition der Baunebenkosten zu den Kosten des Bauwerkes dienen ?

Faßt man die Ergebnisse der Tabellen 4-2 und 4-3 zusammen, so läßt sich daraus, bei geringem Aufwand, ein einfaches Verfahren zur Schätzung eines Teiles der Baunebenkosten (7.1 bis 7.3) darstellen. [137]

Die Ansätze dieses Verfahrens sind der nachfolgenden Tabelle 4-4 zu entnehmen.

Das Datenmaterial der Spalten A bis K dieser Tabelle setzt sich aus den jeweiligen Ergebnissen der Tabellen 4-2 und 4-3 zusammen.

Wie kann nun der Investor mit diesem Tabellenwerk arbeiten ?

Diese Fragestellung kann anhand von zwei Beispielen (Bauobjekten) beantwortet werden.

Objekt 1:

- Objektgröße	:	$5.000 \, m^3$ BRI
- 3.0 in DM/m^3 BRI	:	375,- DM
- Honorarzone für "Architektur"	:	IV
- Honorarzone für Tragwerksplanung	:	III

Objekt 2:

- Objektgröße	:	$50.000 \, m^3$ BRI
- 3.0 in DM/m^3 BRI	:	500,- DM
- Honorarzone für "Architektur"	:	III
- Honorarzone für Tragwerksplanung	:	IV

---

[137] Diese Schätzung berücksichtigt nicht die Honorierung der Leistungen bei der Technischen Ausrüstung.

Tab. 4-4: Die Honorierung der Architekten und Tragwerksplaner als Teilaspekt der Disposition der Baunebenkosten zu den Kosten des Bauwerkes

3.0 In % von 3.0	3.1 In % von 3.0	3.2/3.3 In % von 3.0	3.2 In % von 3.0		Objekt-Größe In m^3 BRI	Summe 3.0 In DM (Incl. MwSt.)	Architekt (A) Honorar-zone	Honorar in % von 3.0	Tragwerksplaner (T) Honorar-zone	Honorar in % von 3.0	(A) HZ / %	(T) HZ / %	(A+T) Honorar in % von 3.0
A	B	C	D		E	F	G	H	I	K	L	M	N
375	80 %	20 %	14 %	1	5.000	1.875.000	III	6,94	III	2,95	IV / 8,74	III / 2,95	11,69
				2	5.000	1.875.000	IV	8,74	IV	3,70			
				3	25.000	9.375.000	III	6,05	III	2,12			
				4	25.000	9.375.000	IV	7,42	IV	2,61			
				5	50.000	18.750.000	III	5,89	III	1,84			
				6	50.000	18.750.000	IV	7,13	IV	2,25			
500	75 %	25 %	17 %	7	5.000	2.500.000	III	6,52	III	2,68	III / 5,67	IV / 2,03	7,70
				8	5.000	2.500.000	IV	8,20	IV	3,35			
				9	25.000	12.500.000	III	5,77	III	1,93			
				10	25.000	12.500.000	IV	7,03	IV	2,36			
				11	50.000	25.000.000	III	5,67	III	1,67			
				12	50.000	25.000.000	IV	6,83	IV	2,03			
625	70 %	30 %	20,5 %	13	5.000	3.125.000	III	6,19	III	2,46			
				14	5.000	3.125.000	IV	7,79	IV	3,07			
				15	25.000	15.625.000	III	5,56	III	1,78			
				16	25.000	15.625.000	IV	6,74	IV	2,17			
				17	50.000	31.250.000	II	5,44	II	1,54			
				18	50.000	31.250.000	IV	6,52	IV	1,86			

Darstellung der Ergebnisse zum Objekt 1:

- Die Zeilen 1 und 2 der Spalten L bis N der Tabelle 4-4 zeigen dem Investor, daß er für die Honorierung beider Einzelfachplaner

  - 11,69 % (bezogen auf die Kosten des Bauwerkes)
  - bzw. 219.187,50 DM

  zu berücksichtigen hat.

- Eine Herabstufung der Architektenleistungen in die Honorarzone III hätte zur Folge, daß der Investor für die Honorierung beider Einzelfachplaner nun

  - 9,89 %
  - bzw. 185.437,50 DM (entspricht einer "Einsparung" von 33.750,- DM)

  zu berücksichtigen hätte.

- Mit diesem "Zahlenspiel" möchte der Verfasser nochmals verdeutlichen, daß durch die Herabstufung in die niedrigere Honorarzone für den Investor bei den Baunebenkosten **nur** 1,8 Prozent geringere Kosten zu erwarten sind.

- Eine Planungsaufwandsminderung auf seiten des Architekten könnte damit zur Folge haben, daß der Investor mit wesentlich höheren Kosten des Bauwerkes bzw. Betriebs- und Bauunterhaltungskosten zu rechnen hat.

- Diese Anmerkungen mögen als Plädoyer dafür dienen, daß der Investor nicht bereits mit der Auftragserteilung an den Architekten die Wirtschaftlichkeit seines Objektes langfristig gefährdet. [138]

4.2.2 Der Einfluß der unterschiedlichen Zielvorstellungen der Investoren auf die Disposition einmaliger und laufender Kosten

Die Disposition der einmaligen zu den laufenden Kosten in diesem Objektbereich wird in erster Linie von den jeweiligen Zielvorstellungen der im Kapitel 4.2 aufgeführten vier Bauherrentypen (Investoren) geprägt.

---

[138] Die Daten und Auswertungen zum zweiten Beispiel sind den Zeilen 11 und 12 der Spalten L bis N der Tabelle 4-4 zu entnehmen.

Die Auswirkungen dieser Zielvorstellungen auf die einmaligen und laufenden Kosten sollen daher in diesem Kapitel am Beispiel der

- Kosten des Bauwerkes
  und
- Baunebenkosten (Honorare)

als "Elemente" der Gesamtkosten nach DIN 276 und der

- Betriebskosten
  und
- Bauunterhaltungskosten

als "Elemente" der Baunutzungskosten nach DIN 18960 dargestellt werden.

Der Abbildung 4-5 kann die Eingrenzung auf diese Kostengruppen für die möglichen kostenpolitischen Überlegungen entnommen werden.
Die Darstellung kostenpolitischer Überlegungen erfolgt hierbei für nachfolgende vier Bauherrentypen:

Bauherrentyp I:

Dieser gewerbliche Bauherr läßt ein Bauobjekt errichten (evtl. "schlüsselfertig") und **veräußert** es anschließend.

Bauherrentyp II:

Dieser gewerbliche Bauherr (Beispiel: Versicherungskonzern) läßt das Bauobjekt ebenso wie Bauherrentyp I errichten.
Anschließend wird das Bauobjekt jedoch langfristig an ein bzw. mehrere Unternehmen **vermietet.**

Bauherrentyp III:

Dieser gewerbliche Bauherr (z.B. Elektrokonzern) läßt das Bauobjekt wie die Bauherrentypen I und II errichten. Danach tritt er jedoch selbst als **Nutzer** auf (z.B. Vertriebsgebäude).

Bauherrentyp IV:

Dieser **Öffentliche Bauherr** läßt das Bauobjekt ebenfalls wie die Bauherrentypen I bis III errichten. Anschließend tritt er selbst als Nutzer (z.B. Rathaus) auf.

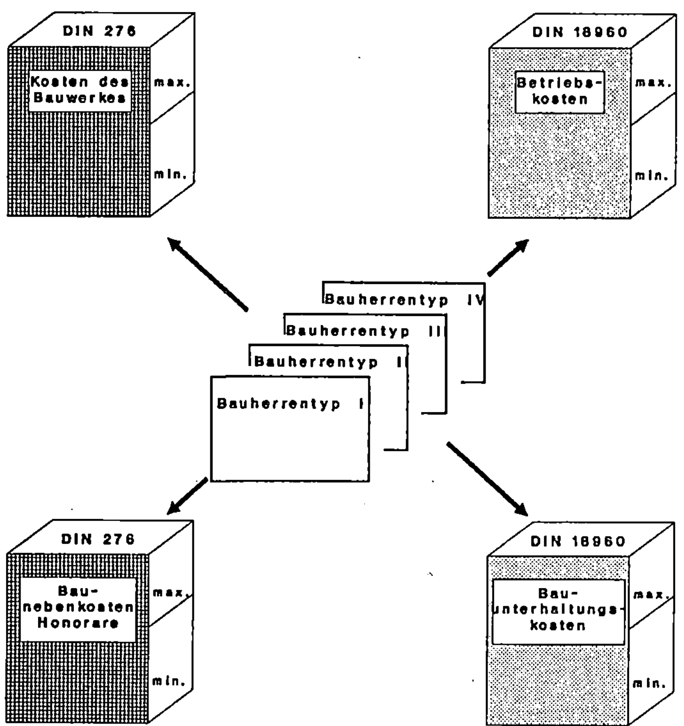

Abb.: 4-5:   Kostenpolitische Überlegungen unterschiedlicher Bauherrentypen

Bereits diese kurze Auflistung zeigt, daß sich der Architekt und die anderen Einzelfachplaner mit den Planungsentscheidungen an den unterschiedlichen kostenpolitischen Überlegungen dieser vier Bauherrentypen zu orientieren haben.

Die Höhe der Kosten des Bauwerkes ist überwiegend von der **Qualität** des Bauobjektes abhängig. Die Darstellung der unterschiedlichen Qualitätsparameter ist nicht Aufgabenstellung dieser Arbeit, hierzu sei auf die Arbeit von Hasselmann verwiesen. [139]

---

[139]   Hasselmann, W.: Die Projektkontrolle im Planungs- und Bauprozeß - Eine typisierende Betrachtungsweise der Kontrollmöglichkeiten im Hinblick auf die Bauherrenziele Qualität, Kosten und Zeit, Dissertation, Berlin 1983

Diese Planungsentscheidungen, insbesondere die Festlegung der Qualitäten, zeichnen damit auch für die Höhe der Betriebs- und Bauunterhaltungskosten verantwortlich. Hieraus lassen sich unmittelbar sinnvolle Substitutionsmöglichkeiten [140] definieren. Gerade diese Substitutionsmöglichkeiten sind aber von den Zielvorstellungen der vier Bauherrentypen abhängig.

Bauherrentyp I:

Obwohl die Standortfrage nicht Gegenstand dieser Bearbeitung ist, muß darauf hingewiesen werden, daß für diesen Bauherrn die **Lage** seines Objektes für die Festsetzung des Verkaufspreises von entscheidender Bedeutung ist. Da der Bauherr den Verkaufspreis u.a. an der Höhe der einmaligen Kosten nach DIN 276 orientieren wird, tritt die Problematik der laufenden Kosten damit in den Hintergrund.
Der beauftragte Architekt muß außerdem bestrebt sein, evtl. bei vorgegebenem Kostenrahmen, möglichst viel "nutzbare" Bürofläche im Baukörper unterzubringen.
Wie die Analysen im 3. Kapitel gezeigt haben, gilt als Kostenschwerpunkt im Bereich der Baukonstruktionen das Gebäudeelement **Außenwand**. Da an markanten Standorten in der Regel eine "aufwendige" Fassadenarchitektur zu erkennen ist, die natürlich auch die Verkaufsfähigkeit des Objektes steigert, würde der Architekt also gegen die Interessen (Zielvorstellungen) des Bauherrn handeln, falls er eine weniger "aufwendige" Fassade gestalten würde, die evtl. geringere Betriebskosten verursacht.
Diese Beispiele zeigen, daß der Architekt jegliche Planungsentscheidungen und Überlegungen hinsichtlich kostenmäßiger Auswirkungen an diesen Zielvorstellungen zu orientieren hat.

Bauherrentyp II:

Während der Bauherrentyp I sicherlich nicht bereit ist, ein **Optimum** zwischen einmaligen und laufenden Kosten zu erarbeiten, wird der Bauherrentyp II hierzu in der Regel bereit sein.
Da Versicherungskonzerne aufgrund der Auflagen ihrer Aufsichtsbehörde gehalten sind, die Versicherungsgelder so anzulegen, daß innerhalb einer vorgegebenen Frist eine Mindestrendite erwirtschaftet wird, stellt sich für diesen Bauherrentyp also die Frage nach der langfristigen Vermietbarkeit des Bauobjektes (Immobilie).

---

[140]   vgl. Schub, A., Stark, K.: Life Cycle Cost ..., a.a.O., S. 60

Die langfristig erzielbaren Vermietungsergebnisse sind hierbei, neben der Höhe der Investition (einmalige Kosten), in erster Linie von den aufzuwendenden Betriebs- und Bauunterhaltungskosten, als Eckpfeiler der **Bewirtschaftung** der Immobilie, abhängig.
Für diesen Bauherrentyp II bilden daher die **Kostenschwerpunktanalysen** im Bereich der **Baukonstruktionen** und **Gebäudetechnik** die Grundlage seiner kostenpolitischen Überlegungen.
Blickt man nochmals auf diese Auswertungen im 3. Kapitel zurück, so zeigt es sich, daß mit den zwei Grobelementen der **Baukonstruktionen:**

- Außenwandfläche (AWF)   :   33,1 %
- Horizontale Trennfläche (HTF)   :   22,8 %

bereits im Durchschnitt über 50 Prozent dieser Kostengruppe erfaßt sind (siehe Seite 70).

Ähnlich verhält es sich mit den beiden Elementen der **Gebäudetechnik:**

- Heizung   :   19,3 %
- Elektrischer Strom/Blitzschutz/Fernmeldetechnik   :   39,2 %

Die Zusammenstellung (siehe auch Seite 70) zeigt, daß hiermit ebenfalls weit über 50 Prozent der Kosten der Gebäudetechnik zu berücksichtigen sind.

Diese vier aufgeführten Elemente des Bauwerkes gelten jedoch nicht nur als Kostenschwerpunkte der einmaligen Kosten, sondern stellen in der Regel auch die daraus resultierenden Kostenschwerpunkte bei den Betriebs- und Bauunterhaltungskosten dar.

Anhand einiger markanter Beispiele kann dargelegt werden, daß mit einer **Erhöhung der einmaligen Kosten** bei den vier ausgewählten Elementen **nicht gleichzeitig eine Verringerung der Betriebs- und Bauunterhaltungskosten** einhergeht.

- Eine Verbesserung der Wärmedämmung der Außenwand führt zweifellos immer zu geringeren Betriebskosten (Heizung).

- Die Auswahl eines Fassadensystems (zwischen Systemen mit identischen bauphysikalischen Eigenschaften) kann bei identischen Heizkosten zu völlig unterschiedlichen Kosten für die Fassadenreinigung (als Teil der Betriebskosten) und Bauunterhaltung führen.

- Ebenso kann ein qualitativ hochwertiger Fußbodenbelag (erhöhte einmalige Kosten) gegenüber einer Lösung mit geringerem Standard für den zukünftigen Mieter zu weitaus höheren Kosten für die Gebäudereinigung (als Teil der Betriebskosten) führen.

- Besonders drastisch kann sich die Anhebung des qualitativen Standards im Bereich der Gebäudetechnik auf die Höhe der laufenden Kosten auswirken. Hier ist darauf zu achten, daß die dadurch hervorgerufene Erhöhung der Kosten der Gebäudetechnik **nicht** gleichzeitig eine überproportionale Steigerung der Betriebskosten (z.B. Wartungsverträge) mit sich zieht.

Diese Beispiele zeigen, daß die kostenpolitischen Überlegungen dieses Investors den Planungsaufwand des Architekten und der beteiligten Einzelfachplaner erhöhen können. Daher ist der Bauherrentyp II in der Regel eher bereit, den Planer den Mittelsatz oder sogar eine höhere Honorarzone zuzubilligen.

Bauherrentyp III:

Die kostenpolitischen Überlegungen bei dem Bauherrentyp III decken sich, mit gewissen Einschränkungen, mit den Anmerkungen zum Bauherrentyp II.
Bei einem Vertriebsgebäude der Elektroindustrie wird der Bauherr immer versuchen, alle Produkte, die er "vertreiben" wird, in höchstmöglichem Standard in das Bauobjekt einzubringen. Damit wird dieses Bauobjekt also einen vergleichbar wesentlich höheren Technisierungsgrad (I oder II) aufweisen.

Ähnlich gelagerte Sachverhalte sind z.B. bei einem Konzern zu berücksichtigen, welcher Aluminiumfassaden (incl. Fenster) "vertreiben" wird.

An diesen Gegebenheiten hat der Architekt insbesondere seine notwendigen Erkenntnisse für die aufzustellenden Kostenschätzungen und -berechnungen zu orientieren, damit er nicht Bauteile "optimiert", die vom Bauherrn so nicht gewünscht werden.

Bauherrentyp IV:

Die kostenpolitischen Überlegungen bei diesem Bauherrentyp sollten sich wiederum mit den Anmerkungen zum Bauherrentyp II decken.
Der Architekt hat jedoch zu beachten, daß der vorgegebene Kostenrahmen evtl. auf der Grundlage eines geringeren Raum- und Ausstattungsprogrammes festgelegt wurde und es daher durch Planungsänderungen während der Vor-

und Entwurfsplanung zu ersten Kostenabweichungen bei den aufzustellenden Kostenermittlungen kommt. Die Entscheidungsfindung, ob hierfür weitere Haushaltsmittel bereitgestellt werden können, verursacht in den meisten Fällen jedoch eine Verlängerung der Bauzeit.

Obwohl nur einige wenige ausgewählte Kostengruppen der einmaligen und laufenden Kosten angesprochen worden sind, ist sicherlich deutlich geworden, welche "Abhängigkeiten" zwischen diesen Kostengruppen bestehen und welchen Einfluß die Zielvorstellungen der unterschiedlichen Bauherrentypen darauf haben. [141]

4.3 Kostenpolitik im Objektbereich Wohnungsbauten unter Berücksichtigung der unterschiedlichen Zielvorstellungen der Investoren

Die Entwicklung auf den beiden Wohnungsteilmärkten **Mietwohnungsbau** und **Eigenheimbau** wird u.a. von den wohnungspolitischen Zielvorgaben beeinflußt. Hiernach gilt die Schaffung bzw. Förderung von Wohneigentum für breite Schichten der Bevölkerung als vorrangiges Ziel.
Aber auch auf dem Wohnungsteilmarkt Mietwohnungsbau ist in struktur-stärkeren Regionen noch eine rege Nachfrage zu beobachten.

Die beiden Wohnungsteilmärkte beeinflussen sich gegenseitig, so ist z.B. die Entwicklung des Marktes für Eigenheime und Eigentumswohnungen nicht unerheblich von der **Mietenentwicklung** abhängig.
Erhebliche Impulse für den Markt der Eigenheime und Eigentumswohnungen werden in der Regel von überproportional anziehenden Wohnungsmieten und knappem Wohnungsbestand ausgelöst.
In diesem abschließenden Kapitel werden jedoch nicht alle kostenpolitischen Überlegungen der Investoren für beide Wohnungsteilmärkte erarbeitet, dies würde den Rahmen dieser Arbeit sprengen. Vielmehr sollen für den Wohnungsteilmarkt **Eigenheime** und **Eigentumswohnungen**, also die selbst-genutzte Immobilie, einige Zielvorstellungen dargelegt werden, um daran evtl. markante Gemeinsamkeiten mit dem Bauherrentyp II (vgl. Kapitel 4.2.2) zu erkennen.

---

[141] Zum Problembereich der Abhängigkeit der Honorare von den Kosten des Bauwerkes sei nochmals auf die detaillierten Analysen und Anmerkungen im Kapitel 4.2.1 verwiesen.

Dieser Wohnungsteilmarkt wird aber in erster Linie von der Höhe der staatlichen Wohnungsbauförderung beeinflußt. Da der Wunsch nach dem eigenen Heim (möglichst freistehendes Einzelhaus !) bei großen Teilen der Bevölkerung immer noch vorhanden ist, besteht weiterhin ein entsprechender Bedarf an Subventionen zur Förderung des Wohnungseigentums.

Da die Mittel nicht in unbegrenzter Höhe bereitstehen und Subventionen weite Teile der Bevölkerung erreichen sollen, war es vorrangiges Ziel der Architekten, Wohnungsbaugesellschaften, Bauträger usw., Vorschläge zur Senkung der einmaligen Kosten nach DIN 276 zu erarbeiten.

Zu diesem Problembereich hat es seit Beginn der 80er Jahre unzählige Veröffentlichungen gegeben (als Stichwort sei genannt: Kosten- und flächensparendes Bauen). Von offizieller Seite (Bundesministerium für Raumordnung, Bauwesen und Städtebau) wurden hierzu Studien veröffentlicht und Wettbewerbe ausgeschrieben (vgl. hierzu Kapitel 3.2).

Welche Auswirkungen sind für die Tätigkeitsfelder der Architekten und anderen Einzelfachplaner zu erkennen ?

Wichtigste Veränderung für den Architekten ist sicherlich, daß er bereits bei Auftragserteilung mit einer strengen Kostenvorgabe in DM/m^2 WFL (für die Kostengruppen 2.0 bis 7.0) konfrontiert wird. Diese Kostenvorgabe orientiert sich an den "Belastungsmöglichkeiten" des Bauherrn. [142]

Da der Architekt wohl nur in den seltensten Fällen hierfür eine Kostengarantie geben wird, können diese Bauvorhaben somit nur unter Einbeziehung eines Generalunternehmers realisiert werden.

Es bleibt abzuwarten, ob unter diesem "Diktat" der Kostenvorgabe eine "wirtschaftliche Lösung" des Bauobjektes zu realisieren ist.

Daher müssen z.B. bei den ausgezeichneten Bauvorhaben (vgl. S. 92) auch die laufenden Kosten (insbesondere Betriebs- und Bauunterhaltungskosten) langfristig analysiert werden. Diese Analysen könnten zeigen, ob die verwendeten Baustoffe, die Ausführungsqualitäten [143] und das Nutzerverhalten eine langfristige Nutzung (ohne aufwendige Sanierungen) des Bauobjektes gewährleisten. Für die "Bewertung" der Struktur der einmaligen Kosten, als Ausgangspunkt der kostenpolitischen Überlegungen des Bauherrn, sind die Erkenntnisse der Auswertungen des Kapitels 3.2 heranzuziehen.

---

[142] vgl. Sauer, H. D.: Belastungsgerechtes Bauen, in: Der langfristige Kredit, Heft 20/1984, S. 636 ff.

[143] Zum Problembereich der Ausführungsqualitäten (z.B. bei Sichtbeton) sei auf eine Veröffentlichung von Breitschuh verwiesen:
Breitschuh, K.: Bauaufgaben der Zukunft, in: Festschrift zum 60. Geburtstag von Prof. Dr. Karlheinz Pfarr, Berlin 1987, S. 177 ff.

5 Zusammenfassung und Ausblick

Architekten, Tragwerksplaner und Fachingenieure der Technischen Ausrüstung erbringen die Planungsleistungen gemäß der jeweiligen Leistungsbilder für unterschiedliche Objektbereiche.
Bezogen auf das Architekturbüro kann z.B. festgestellt werden, daß die Betriebsbreite des Büros durch mehrere Objekttypen (-bereiche) gekennzeichnet ist.
Da die Planungsanforderungen für jeden Objektbereich unterschiedlich ausgeprägt sind, besteht die Gefahr, daß der Architekt nicht für alle Teilleistungen die notwendigen "Fachkenntnisse" vorweisen kann.
Dies schlägt sich dann oft in fehlerhaften Kostenermittlungen nieder, die somit zu Kostenabweichungen führen. Da eklatante Kostenabweichungen (Stichwort "Baukosten-Explosionen") in der Fach- und Tagespresse regelmäßig angeprangert werden, war es notwendig, die gesamte Problematik der Ermittlung der einmaligen Kosten vorab historisch aufzubereiten.

Dieser historische Rückblick hat ergeben, daß bereits Ende des 19. Jahrhunderts ein ausgezeichnetes Tabellenwerk als "Hilfsmittel" für Kostenberechnungen unterschiedlicher Objektbereiche vorhanden war.
In diesem ersten Standardwerk der Kostenermittlungen sind neben Kostenkennwerten, auf der Basis differenzierter Bemessungsgrundlagen, bereits erste Kennzahlen zu den jährlichen Unterhaltungskosten (in Abhängigkeit vom Neuwert) von unterschiedlichen Bauobjekten aufgeführt.

Honoraranalysen am Anfang dieser Arbeit haben gezeigt, daß dem Architekten insbesondere bei kleineren Bauobjekten für die Leistungsphasen der Grundlagenermittlung, Vor- und Entwurfsplanung nur ein äußerst knapp bemessenes Honorar zur Verfügung steht. Innerhalb dieser drei Leistungsphasen sind vom Architekten zwei wichtige Kostenermittlungen durchzuführen. Spätere Kostenabweichungen sind daher vom Genauigkeitsgrad dieser ersten beiden Kostenermittlungen abhängig.
Die aus dem Honorar ermittelten "Soll-Stunden" haben aber gezeigt, daß der Bauherr hierfür vom Architekten keine bauwirtschaftliche Studie erwarten kann.

Diese Erkenntnis war Ausgangspunkt der umfangreichen Analysen im 3. Kapitel. Es war der Frage nachzugehen, ob aus dem Datenmaterial abgewickelter Bauobjekte Erkenntnisse über die Struktur (Kostentransparenz) der einmaligen Kosten nach DIN 276 gewonnen werden können, die wiederum als Voraussetzung für ein praktikables Kostenermittlungsverfahren zu betrachten sind.

Wichtigste Voraussetzung dieser Analysen war, daß das gesamte Datenmaterial im Ursprungszustand zu belassen war. Eine Hochrechnung des Datenmaterials auf ein gewähltes Basisjahr unter Einsatz der Baupreisindizes war ausgeschlossen. Als Vergleichspotential diente ein Bestand von 281 Objekten aus dem Objektbereich Büro- und Verwaltungsbauten, als Vergleichszeitraum konnten die Jahre 1967 bis 1984 berücksichtigt werden.
Die umfangreichen Analysen haben bestätigt, daß es für aufzustellende Kostenermittlungen zwingend notwendig ist, das Datenmaterial abgewickelter Bauobjekte gezielt auszuwerten. Nur dann ist es möglich, die Erkenntnisse über Kostenschwerpunkte im Bereich der Baukonstruktionen und der Gebäudetechnik gezielt zu verwerten.

Die langfristige Darstellung von Entwicklung und Struktur der Kosten des Bauwerkes für den Objektbereich Büro- und Verwaltungsbauten war außerdem noch Grundlage einer Überprüfung der Entwicklung des Baupreisindexes für Bürogebäude.
Die detaillierten Analysen zum Wägungsschema, zu den Subindizes und zum "Gesamtindex" für Bürogebäude haben gezeigt, daß die Anwendung des Baupreisindexes bei der Fortschreibung von "Baukosten" zum Zwecke der Kostenermittlung keine befriedigenden Ergebnisse liefern kann.

Im 4. Kapitel standen neben der Honorarpolitik der beteiligten Architekten und Ingenieure und der Preispolitik der bauausführenden Betriebe die kostenpolitischen Überlegungen unterschiedlicher Bauherrentypen im Vordergrund.
Umfangreiche Honoraranalysen haben ergeben, daß es durchaus möglich ist, schon bei den ersten beiden Kostenermittlungsverfahren gesicherte Angaben zur Höhe der Baunebenkosten (nur Honorare !) zu machen.
Abschließend ist nochmals herauszustellen, daß der Architekt seine gesamte "Kostenplanung" an den jeweiligen Zielvorstellungen des Bauherrn hinsichtlich Disposition der einmaligen zu den laufenden Kosten auszurichten hat.

6 Literaturverzeichnis

6.1 Monographien

Aggteleky, B.:

Fabrikplanung, Werksentwicklung und Betriebsrationalisierung, Band 2, München - Wien 1982

Bayer, Thieme:

Analytische Kostenuntersuchungen, Freiburg 1972

Berger, Volker:

Die Neufassung der DIN 276 - Baukostenplanung mit Gebäudeelementen, in: Planung und Kontrolle von Bauinvestitionen, Expert Verlag 1981

Breitschuh, K.:

Bauaufgaben der Zukunft, in: Festschrift zum 60. Geburtstag von Prof. Dr. Karlheinz Pfarr, Berlin 1987

Brüdgam, H.:

Möglichkeiten und Grenzen der Verwendung von Baupreisindizes bei Ermittlung und Fortschreibung von Baukosten von Neubau- und Modernisierungsmaßnahmen, Dissertation TU Berlin 1979

Bundesminister für Raumordnung,Bauwesen und Städtebau (Hrsg.):

"Preiswerte Stadthäuser", Heft Nr. 04.076

ders. (Hrsg.):

"Preiswerte Mehrfamilienhäuser", Heft Nr. 04.096

ders. (Hrsg.):

"Preiswerte Einfamilienhäuser", Heft Nr. 04.104

ders. (Hrsg.):

"Preiswerte Eigentumswohnungen", Heft Nr. 04.110

ders. (Hrsg.):   "Preiswerte Einfamilienhäuser in verdichteter
                              Bauweise", Heft Nr. 04.116

Diederichs, C.J.:   Wirtschaftlichkeitsberechnungen, Nutzen-/
                              Kostenuntersuchungen, Expert Verlag 1985

Diederichs, C.J.:   Kostensicherheit im Hochbau, Deutscher
                              Consulting Verlag, Essen 1984

Diederichs, C.J. u.   Kostenermittlung im Hochbau durch
Hepermann, H.:   Kalkulation von Leitpositionen - Rohbau und
                              Ausbau, Schriftenreihe "Bau- und Wohn-
                              forschung" des Bundesministeriums für
                              Raumordnung, Bauwesen und Städtebau,
                              Heft 04.115, Wuppertal 1986

Flender, A.:   Kosten und Kostenrechnung in der
                              Wohnungswirtschaft, in: Beiträge zur Theorie
                              und Praxis des Wohnungsbaues, Bonn 1959

Graul, H.-J.:   Richtwerte im Hochbau: Ein Beitrag zur
                              Theorie und Praxis der kostenorientierten
                              Planung, Düsseldorf

Grote, H.:   Spitzenleistungen im Baubetrieb durch
                              komplexe Arbeitstechnik, Reihe: Bau-
                              produktivität und Management, Köln 1986

Gutenberg, E.:   Grundlagen der Betriebswirtschaftslehre, Bd.1:
                              Die Produktion, 13. Aufl., Berlin - Heidelberg -
                              New York 1967

Hasselmann, W.:   Die Projektkontrolle im Planungs- und Bau-
                              prozeß - Eine typisierende Betrachtungs-
                              weise der Kontrollmöglichkeiten im Hinblick
                              auf die Bauherrenziele Qualität, Kosten und
                              Zeit, Dissertation, Berlin 1983

Hotzel, W.:   Kooperative Planung für technisch-komplexe
                                     Bauobjekte - Aspekte zur Qualifizierung und
                                     Rationalisierung fachübergreifender Planungs-
                                     prozesse unter Anwendung kooperativer Ver-
                                     tragsformen, Dissertation, Berlin 1979

Kandel, L. u.a.:   Schallschutzkosten im Wohnungsbau,
(Büro für Entscheidungs-   Schriftenreihe "Bau- und Wohnforschung",
vorbereitung und   Heft 04.119 des Bundesministeriums für
Bauforschung)   Raumordnung, Bauwesen und Städtebau,
                                     Stuttgart 1987

Lau, D. u. Fried, U.:   Auf Kosten der Steuerzahler - Das Ärgernis der
                                     öffentlichen Verschwendung,
                                     Bergisch Gladbach 1985

Mittag, M.:   Baudatenhandbuch 1, Wohnbauten, Heime,
                                     Krankenhäuser, Detmold 1981

Muser, B., Drings, H.-R.:   Baunutzungskosten DIN 18960, Erfahrungs-
                                     werte und praktische Verwendung bei Planung
                                     und Betrieb von Gebäuden,
                                     Braunschweig 1977

Nixdorf, B.:   Investitionsrechenverfahren in der Bau-
                                     planung, Schriftenreihe "Bau- und Wohn-
                                     forschung", Heft 04.089 des Bundes-
                                     ministeriums für Raumordnung, Bauwesen
                                     und Städtebau, Leonberg , 1983

Pfarr, K.-H.:   Baukalkulation auf der Grundlage von fixen
                                     und variablen Kosten, Wiesbaden - Berlin 1970

Pfarr, K.-H.:   Die Bauunternehmung, Wiesbaden -
                                     Berlin 1967

Pfarr, K.-H.:   Grundlagen der Bauwirtschaft, Essen 1984

Pfarr, K.-H.:   Handbuch der kostenbewußten Bauplanung,
                                     Wuppertal 1976

Pfarr, K.-H.:   Honorarfindung nach HOAI - aber wie ?,
                                 Berlin 1978

Riering, E., Seidel, W.:   Baukosten-Handbuch, 3.Auflage 1982, Bau-
                                 kostenberatungsdienst (BKB) der Architekten-
                                 kammer Baden-Württemberg

Rösel, W.:   Baumanagement - Grundlagen, Technik,
                                 Praxis, Springer Verlag 1987

Schub, A., Stark, K.:   Life Cycle Cost von Bauobjekten, Methoden
                                 zur Planung von Erst- und Folgekosten, Verlag
                                 TÜV Rheinland GmbH, Köln 1985

Schwatlo, C.:   Kosten-Berechnungen für Hochbauten,
                                 10. Auflage, Leipzig 1898

Siegel, C.; Solf, C.:   Bürobaukosten, Quickborn 1967

Simons, K., Sager, R.:   Berechnungsmethoden   für   Baunutzungs-
                                 kosten,   Schriftenreihe   "Bau-   und   Wohn-
                                 forschung"   des   Bundesministeriums   für
                                 Raumordnung, Bauwesen und Städtebau, Heft
                                 04.063, Braunschweig 1980

Sommer, H.R.:   Kostensteuerung von Hochbauten, Wiesbaden
                                 und Berlin 1983

Will, L.:   Die Rolle des Bauherrn im Planungs- und Bau-
                                 prozeß, Frankfurt a.M. - Bern - New York 1982

6.2 Artikel in Zeitschriften und Sammelwerken

Blecken, U.:

Wirtschaftliche Ziele bei der Gebäudeplanung, in: Der Betriebsberater, in: Bauwirtschaft, Heft 17 vom 25.04.1985, S. 602 ff.

Borowski, D.:

Zur Neuberechnung der Baupreisindizes auf der Basis 1976, in: Wirtschaft und Statistik, Heft 8/80, S. 514 ff.

Drings, H.-R.,
Graf von Hardenberg,:

Baunutzungskosten - Folgekosten für Hochbauten, in: Deutsche Bauzeitschrift, Jahrgang 1984, Heft 4, S. 509 ff.

vgl. Dubral, C., Schmid, O.:

Zur Entwicklung der Bauwirtschaft und Bautätigkeit 1985 in: Wirtschaft und Statistik, 4/1986, Tabelle 3, S. 278

Gaede, W.; Toffel, R.F.:

Zur Dynamik der Baupreise, Teil 1 und 2 in: Der Baubetriebsberater, Bauwirtschaft 1985, Heft 12, S. 390 ff. und Heft 14/15, S. 483 ff.

Haag, G.:

Baukostensteuerung mit EDV-Unterstützung, Referat im Rahmen des Symposiums "Ökonomisches Verhalten" der Heinle, Wischer und Partner Planungsgesellschaft mbH am 26. und 27. März 1982 in Stuttgart, abgedruckt im HWP-Bericht Nr. 8, S. 203 ff.

Kramer, O.:

Die Normung der Berechnung des umbauten Raumes und die Veranschlagung von Hochbauten, in: Deutsche Bauzeitung, Heft 37 vom 12.09.1934, S. 713

Pfarr, K.-H.:

Baumanagement im Lichte veränderter wirtschafts- und sozialpolitischer Rahmenbedingungen - dargestellt am Beispiel von Kostentransparenz und Kostenpolitik, in: Der Baubetriebsberater, Bauwirtschaft 1985, Heft 50, S. 1856 u. 1857

Pohnert, F.:   Baupreisindizes, Der langfristige Kredit,
                       Heft 8/1984, S. 240 (in einem Brief an die
                       Landesbank Rheinland-Pfalz)

Rinne: Mitteilung In : Baurecht 5/85, 16. Jahrgang,
                       Düsseldorf 1985, S. 591

Rohrbach, W.:   Anmerkungen zum Markt der gewerblichen
                       und gemischt genutzten Objekte, in: Der lang-
                       fristige Kredit, Jahrgang 1986, Heft 10,
                       S. 300 ff.

Sauer, H. D.:   Belastungsgerechtes Bauen, in: Der lang-
                       fristige Kredit, Heft 20/1984, S. 636 ff.

Schmidt, H.-P.:   Planung und Realisierung von Geschäfts-
                       bauten, in: io Management-Zeitschrift,
                       Jahrgang 1986, Nr. 5, S. 235 ff.

Schweiger, A.:   Die Zuverlässigkeit von Kostenermittlungen -
                       Arbeitsmethode zur Verbesserung der Bau-
                       kostensicherheit, Vortrag im Rahmen der
                       Fachtagung "Projektsteuerung im Bauwesen"
                       am 7. März 1986 in Berlin, abgedruckt in der
                       Tagungsmappe und in Schrift Nr. 10 des
                       "Verein für Bauforschung und Berufsbildung
                       des Bayerischen Bauindustrieverbandes e.V.,
                       München"

Statistisches Bundesamt: Baupreisindizes auf Basis 1970, in: Fachserie
                       M, Preise - Löhne - Wirtschaftsrechnungen;
                       Reihe 5, November 1975, S. 4

6.3 Kommentare, Gesetze und Verordnungen

Arbeitsgemeinschaft   Instandhaltungskosten und Betriebskosten
Industriebau e.V.:   von Bauten und Anlagen - Bürogebäude,
                               Arbeitsblatt W1, Januar 1985

Deutsches Institut   Kosten von Hochbauten, DIN 276, Teil 1
für Normung e.V. (Hrsg.):   (Begriffe), Ausgabe April 1981

ders. (Hrsg.):   Kosten von Hochbauten, DIN 276 Teil 3
                               (Kostenermittlungen), Ausgabe April 1981

ders. (Hrsg.):   DIN 276, Fassung 1934

ders. (Hrsg.):   DIN 276, Fassung 1943

ders. (Hrsg.):   DIN 276, Fassung 1954

ders. (Hrsg.):   Grundflächen und Rauminhalte von Bau-
                               werken im Hochbau, DIN 277, Teil 1, Berlin
                               und Köln, Juni 1987

ders. (Hrsg.):   Baunutzungskosten von Hochbauten,
                               DIN 18960, Teil 1, Ausgabe April 1976

ders. (Hrsg.):   Kostenrichtwerte im Hochbau, DIN 18961
                               (Entwurf), Blatt 1 (Begriffe), S. 1 (inzwischen
                               zurückgezogen!)

Fischer-Dieskau,   Wohnungsbaurecht, Band 4, Zweite
Pergande, Schwender: Berechnungsverordnung - Neubaumieten-
                               verordnung, Kommentar, 85. Erg.Lfg.,
                               Mai 1986, Wingen Verlag Essen

Hesse/Korbion/Mantscheff: HOAI, Kommentar, 2. Auflage, München 1983

HOAI: Honorarordnung für Architekten und Ingenieure, in der ab 1.1.1985 gültigen Fassung unter Berücksichtigung der Zweiten Änderungsverordnung vom 10.6.1985 (BGBl. I S. 961) und der Dritten Änderungsverordnung vom 17.3.1988 (BGBl. I., S. 359)

Locher/Koeble/Frik: Kommentar zur HOAI, 4. Auflage, Düsseldorf 1985

Roth/Gaber: Kommentar zum Vertragsrecht und zur Gebührenordnung für Architekten, Berlin 1957

II. BV: Verordnung über wohnungswirtschaftliche Berechnungen (Zweite Berechnungsverordnung) in der Neufassung vom 5. April 1984: abgedruckt im BGBl. I, S. 553

o.V.: Duden, Das große Wörterbuch der deutschen Sprache, Band 3, Mannheim - Wien - Zürich, 1977

o.V.: Der große Duden, Bd. 5, 3. Auflage, Mannheim - Wien - Zürich 1974, S. 58

o.V.: Duden, Das große Wörterbuch der deutschen Sprache, Band 6, Mannheim - Wien - Zürich, 1981

Anlage 1:   Baubeschreibungen von Wohngebäuden bzw. Wohn- und öffentlichen Gebäuden der vier Gebäudeklassen
(aus: Schwatlo, C.: Kosten-Berechnungen für Hochbauten, 10. Auflage, Leipzig 1898)

Gebäude-klasse I	I. Ein Gebäude, dessen Geschofshöhe durchschnittlich 2,50—3,00 m im Lichten beträgt, das massiv gebaut ist, mit gewölbtem oder Balkenkeller und Bodenraum, zweiseitigem geraden Ziegeldach mit niedriger Drempelwand, der innere Ausbau ganz gewöhnlicher Art: mit Ölfarbe gestrichenen 2,6 m starken Fußböden mit Scheuerleisten, mit Kreuzthüren mit gewöhnlichen Beschlägen, die Fenster von Kiefernholz mit halbweißem oder grünem Glase verglast, und gewöhnliche farbige Öfen und Kochmaschinen mit Eisengarnitur, mit glatt geputzter, nur mit einfachen Gurtgesimsen versehener Fassade.
Gebäude-klasse II	II. Ein Gebäude, dessen Geschofshöhe 2,75—3,50 m im Lichten beträgt, massiv mit gewölbtem oder Balkenkeller, Ziegel-, Schiefer-, Holzzement- oder Zinkdach auf Drempelwänden, der innere Ausbau in besserer Art wie die bei A genannte, mit gespundeten, mit Ölfarbe gestrichenen 2,6—3,5 cm starken Fußböden mit Scheuerleisten, mit Sechsfüllungsthüren, Kreuzthüren, auch einzelnen Flügelthüren mit messingenen und guten Beschlägen, mit Doppelfenstern in der Vorderfront, im übrigen einfache Fenster von Kieferoholz, vorn mit Messing-, hinten mit Eisenbeschlag, die Öfen halbweiß, mit Messinggarnitur und dergl. Kochmaschinen mit Bratofen.
Gebäude-klasse III	III. Ein Gebäude, dessen Geschofshöhe durchschnittlich 3,60—4,00 m im Lichten beträgt, massiv mit gewölbtem oder Balkenkeller, mit Schiefer-Holzzement- oder Zinkdach auf Drempelwänden, Dachrinnen, Abfallröhren, großen hölzernen Dachfenstern, die Gesimse-Abdeckung aus Zink, der innere Ausbau sauber eingerichtet, die Treppen mit krummen Stücken und Podesten, von Kiefernholz, aber mit eichenem oder anderem Geländer mit polierten Traillen, gedrehten Antrittsstielen, die Wohnräume tapeziert, teils mit Stuckdecken, teils mit gut gemalten Decken, die Thüren in den vorderen Räumen zweiflügelig, jeder Flügel mit drei Füllungen, und Sechsfüllungsthüren mit Verdachungen mit Messing-, Rotguß- oder Bronzegarnitur, eingelassenen Schlössern und ausgegründeten Futtern, in der Vorderfront Doppelfenster von Kiefernholz mit großen Scheiben verglast, im übrigen einfache Fenster mit aufgesetzten Bändern und messingenem Beschlage, mit weißen Kaminen, im übrigen weiße Öfen, in den Vorderräumen nach hinten halbweiße Öfen und dergl. Küchenmaschinen mit Wandbekleidung, Messinggarnitur, die Fußböden teils Parkettstab- und Patentfußböden, im übrigen genagelter mit Ölfarbe gestrichener, 3,5 cm starker Fußboden mit Scheuerleisten.
Gebäude-klasse IV	IV. Ein Gebäude, dessen Geschofshöhe durchschnittlich 3,75—4,50 m im Lichten beträgt, das massiv mit gewölbten Kellern, und Bodenraum mit Schiefer- oder Zinkdach auf Drempelwänden erbaut, und dessen innerer Ausbau vollständig herrschaftlich eingerichtet ist, die Wohnräume mit feinen Tapeten tapeziert, mit reichen Stuckdecken, Treppenhaus und Vestibül mit Stuckolustro bekleidet, mit Sandstein- oder feiner Rohbaufassade, mit Terrakotten, mit zweiflügeligen teils eichenen Thüren, mit angelegten Kehlstößen und verzierten Verdachungen, bronzenen, vernickelten oder vergoldeten Beschlägen, eingesteckten Schlössern, die Fenster von Eichenholz, mit rheinischen großen Scheiben, an der Vorderfront mit Spiegelglas, im Erdgeschoß mit Rolljalousien, Beschlägen in gleicher Weise wie die Thüren betr. der Ausstattung mit Espagnoletstangen oder Baskulestangen, mit eiserner oder marmorbelegter Haupttreppe, mit feinen weißen altdeutschen oder Majolikaöfen oder Kaminen, mit weißen Kachel- oder Marmorkochmaschinen, mit Parkett- oder Patent- oder ganz astfreien Fußböden.

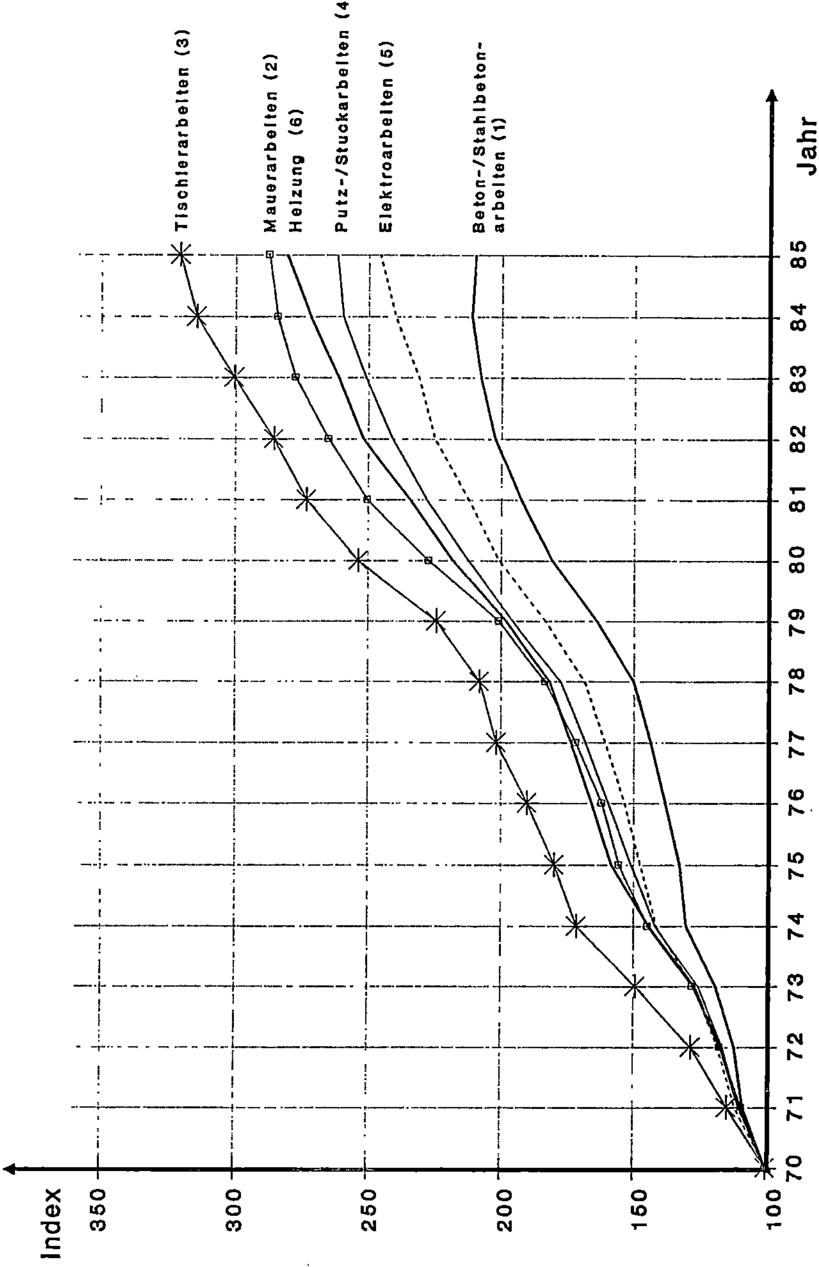

Anlage 2: Entwicklung der Sub-Indizes (1) bis (6) für jeweils zwei Leitgewerke aus den Bereichen Rohbau, Ausbau und Gebäudetechnik – dargestellt am Beispiel der Bauwerksart Mehrfamiliengebäude (1.1.1.2)

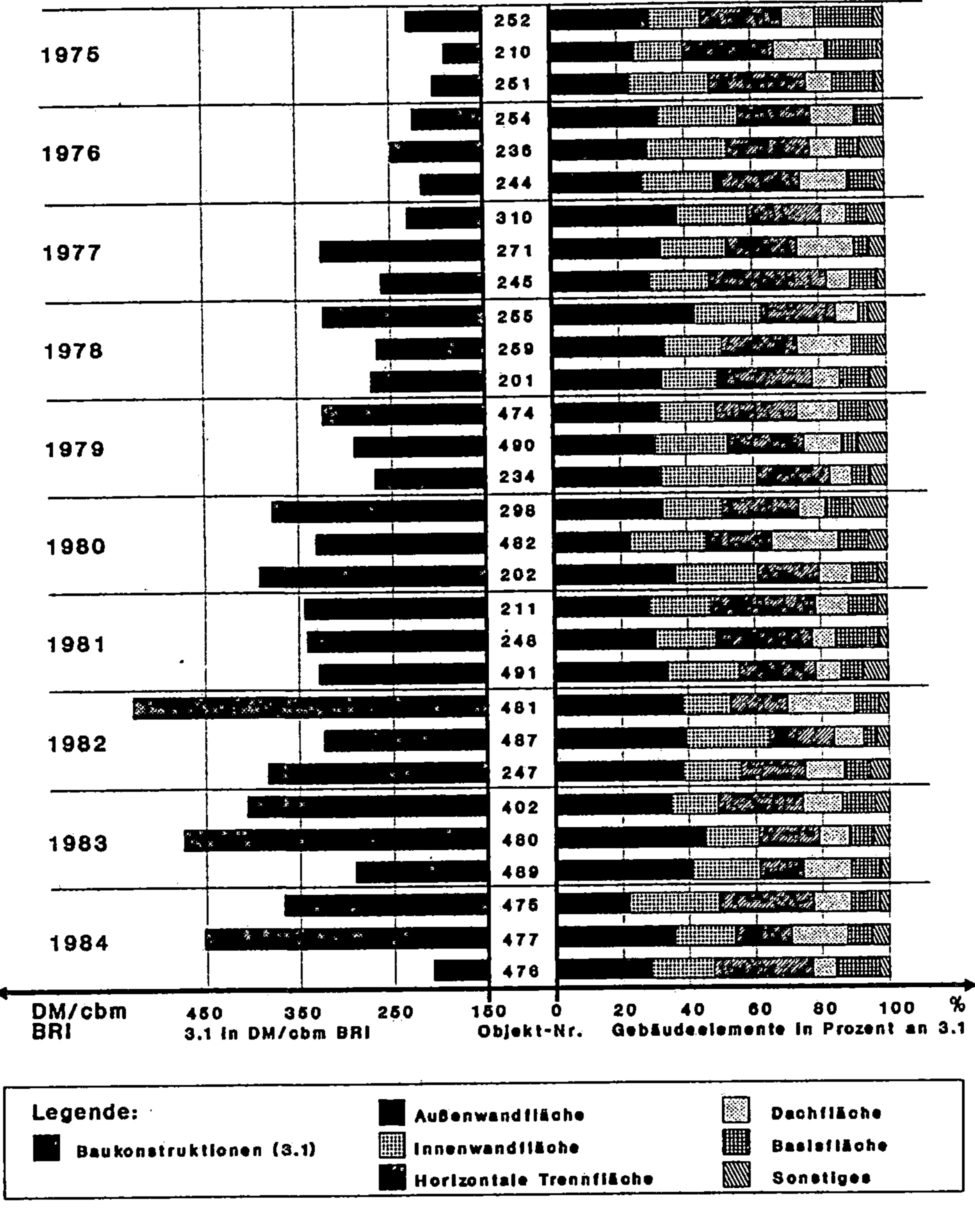

Anlage 3:   Baukonstruktionen - Entwickung in DM/m³ BRI und prozentuale Verteilung auf die Gebäudeelemente

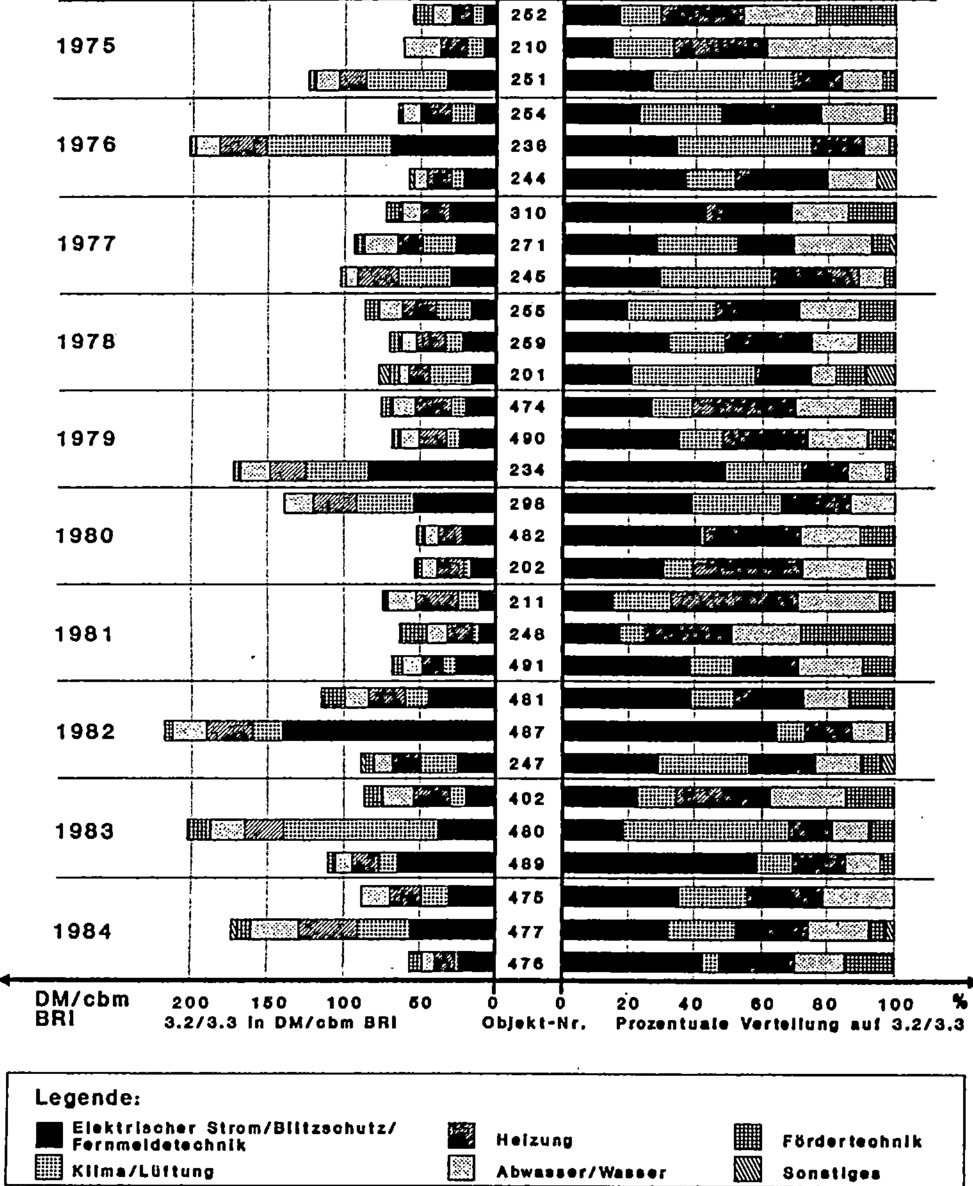

Anlage 4:   Elemente der Gebäudetechnik - Entwicklung in DM/m³ BRI und prozentuale Verteilung auf 3.2/3.3 (3.2/3.3 = 100 %)

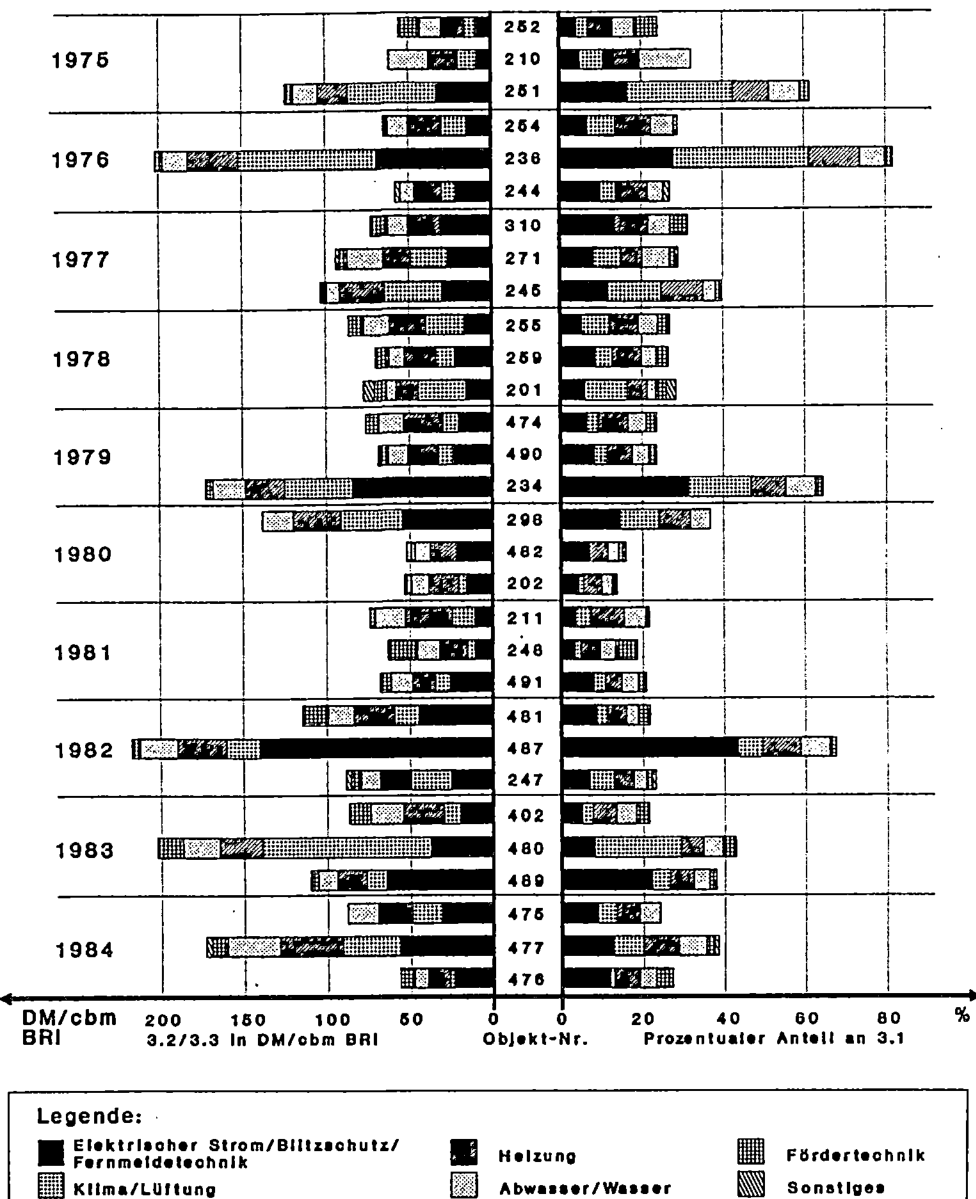

Anlage 5: Elemente der Gebäudetechnik - Entwicklung in DM/m³ BRI und prozentualer Anteil bezogen auf das installationsfreie Gehäuse (3.1)

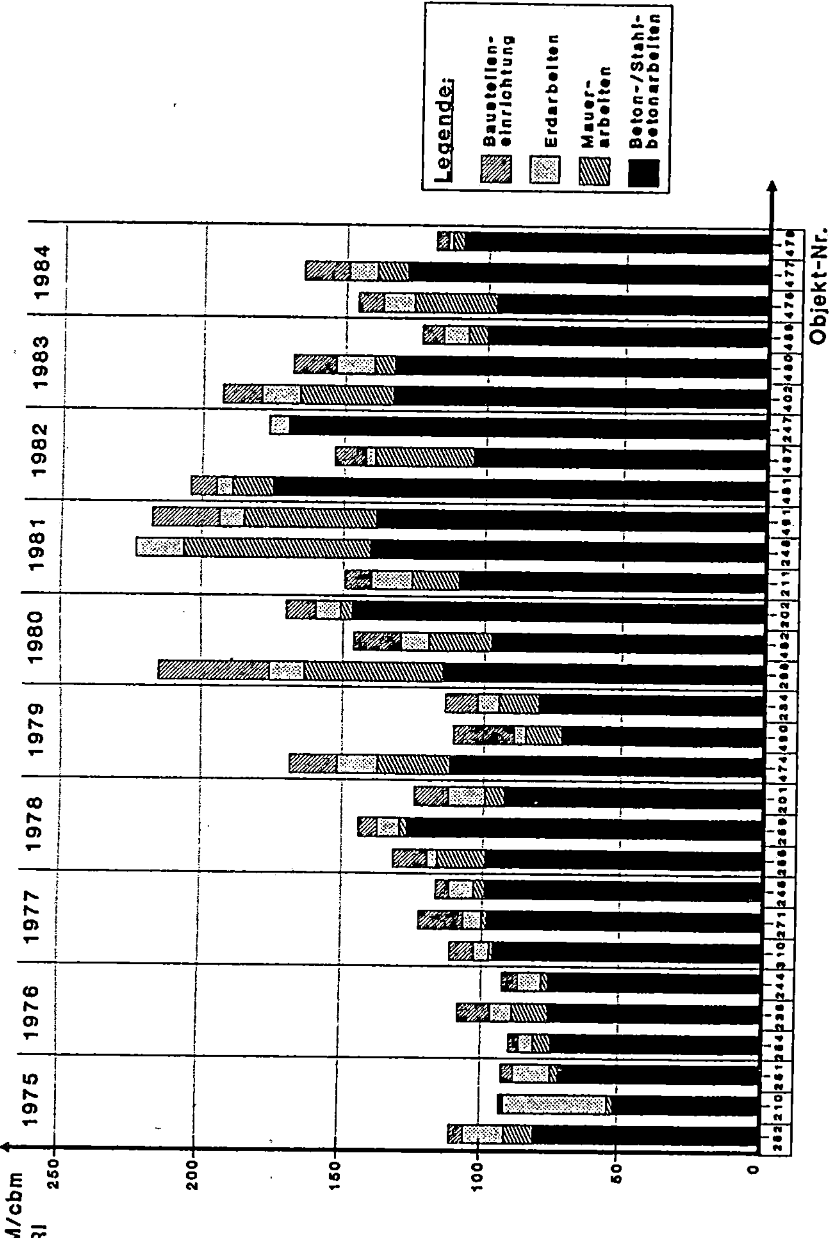

Anlage 6: Die Entwicklung von 4 Rohbauleitgewerken in DM/m³ BRI der ausgewählten Bauobjekte der Jahre 1975 bis 1984

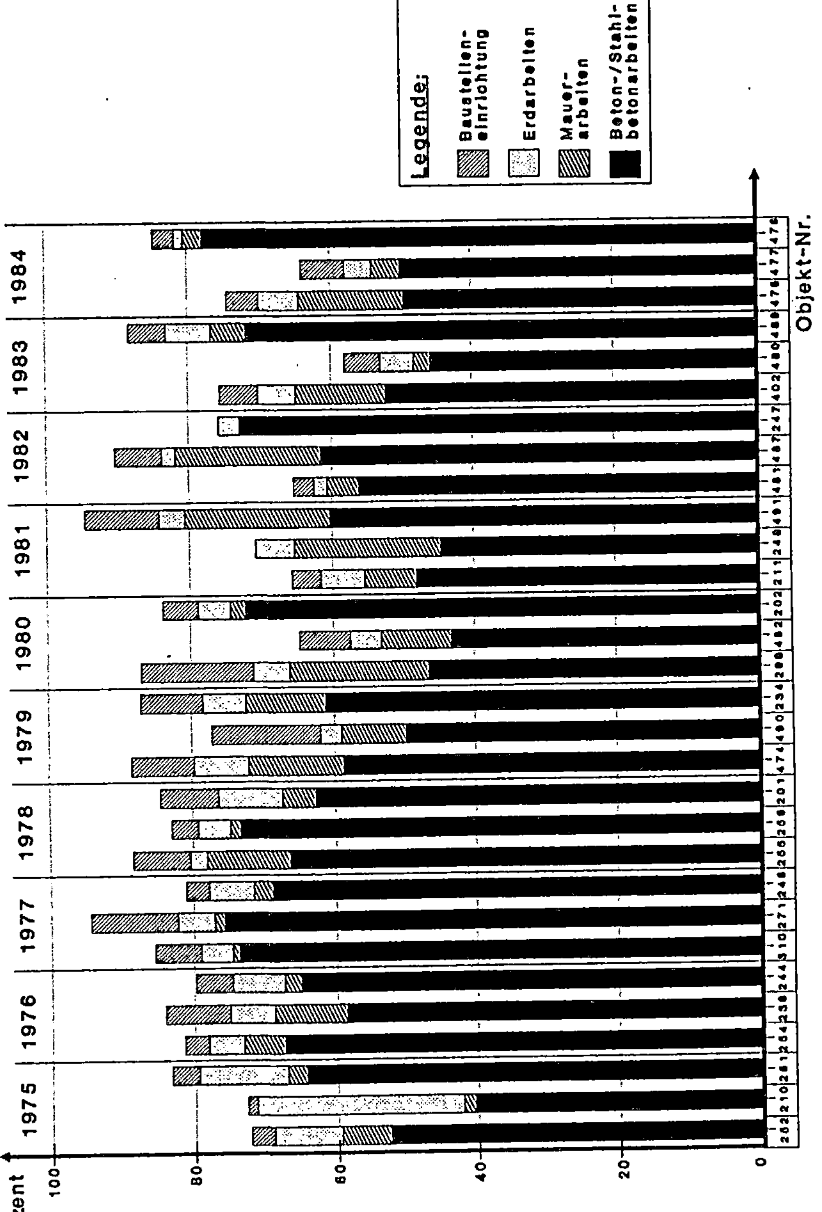

Anlage 7:   Der prozentuale Anteil der 4 Rohbauleitgewerke am Rohbau (3.1.1 und 3.1.2)

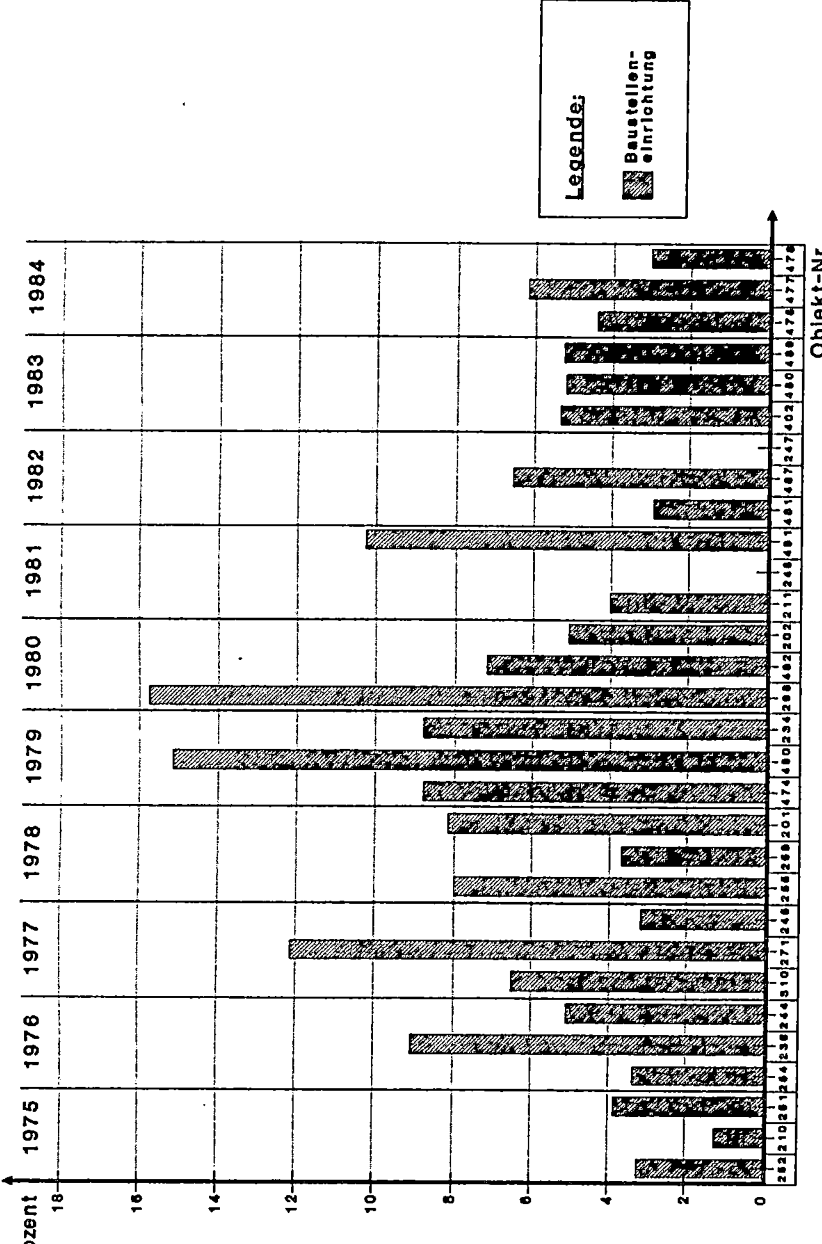

Anlage 8: Der prozentuale Anteil der Baustelleneinrichtung am Rohbau (3.1.1 und 3.1.2) der ausgewählten Bauobjekte der Jahre 1975 bis 1984

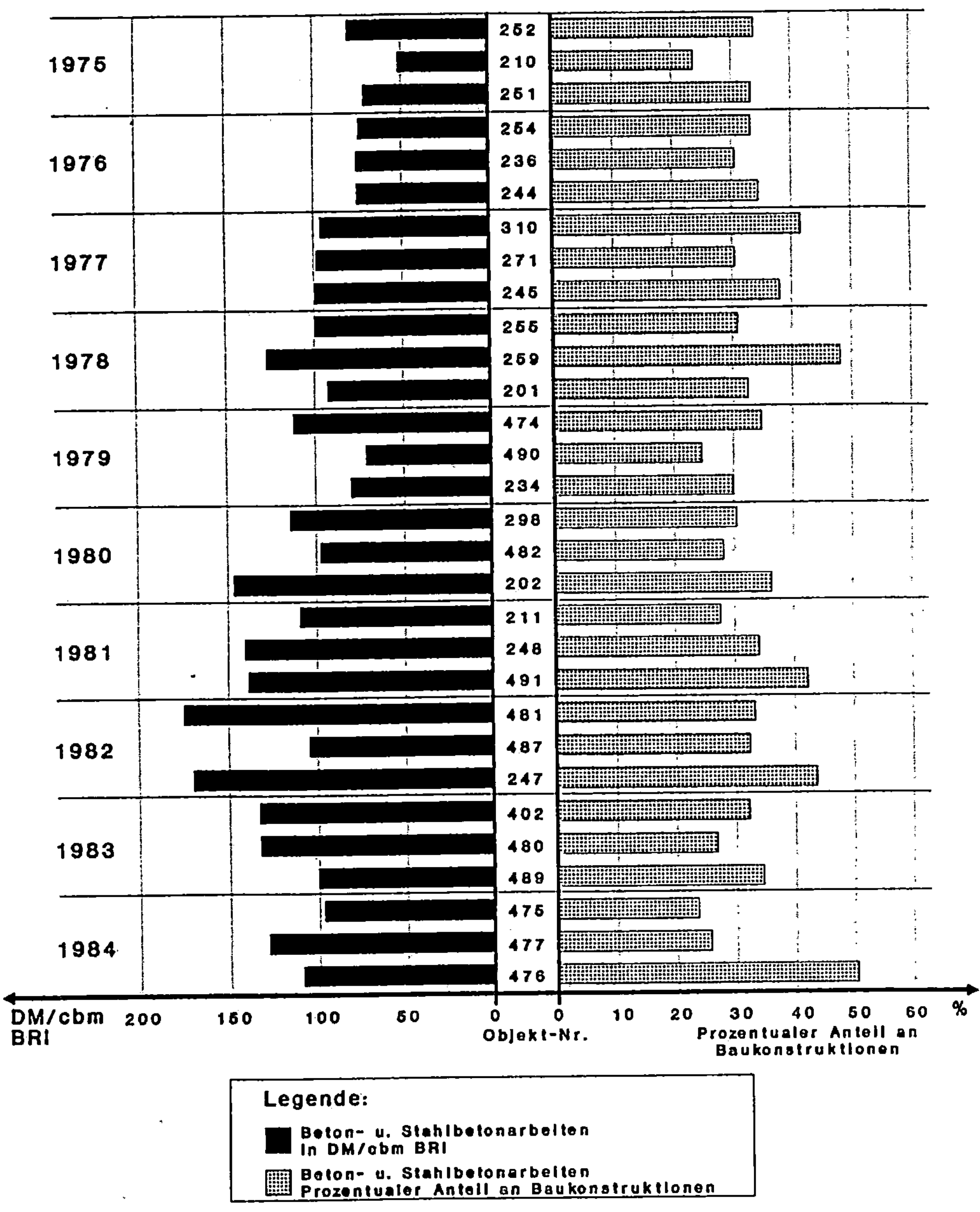

Anlage 9: Leitgewerk Beton- und Stahlbetonarbeiten - Entwicklung in DM/m^3 BRI und prozentualer Anteil an den Baukonstruktionen (3.1 nach DIN 276)

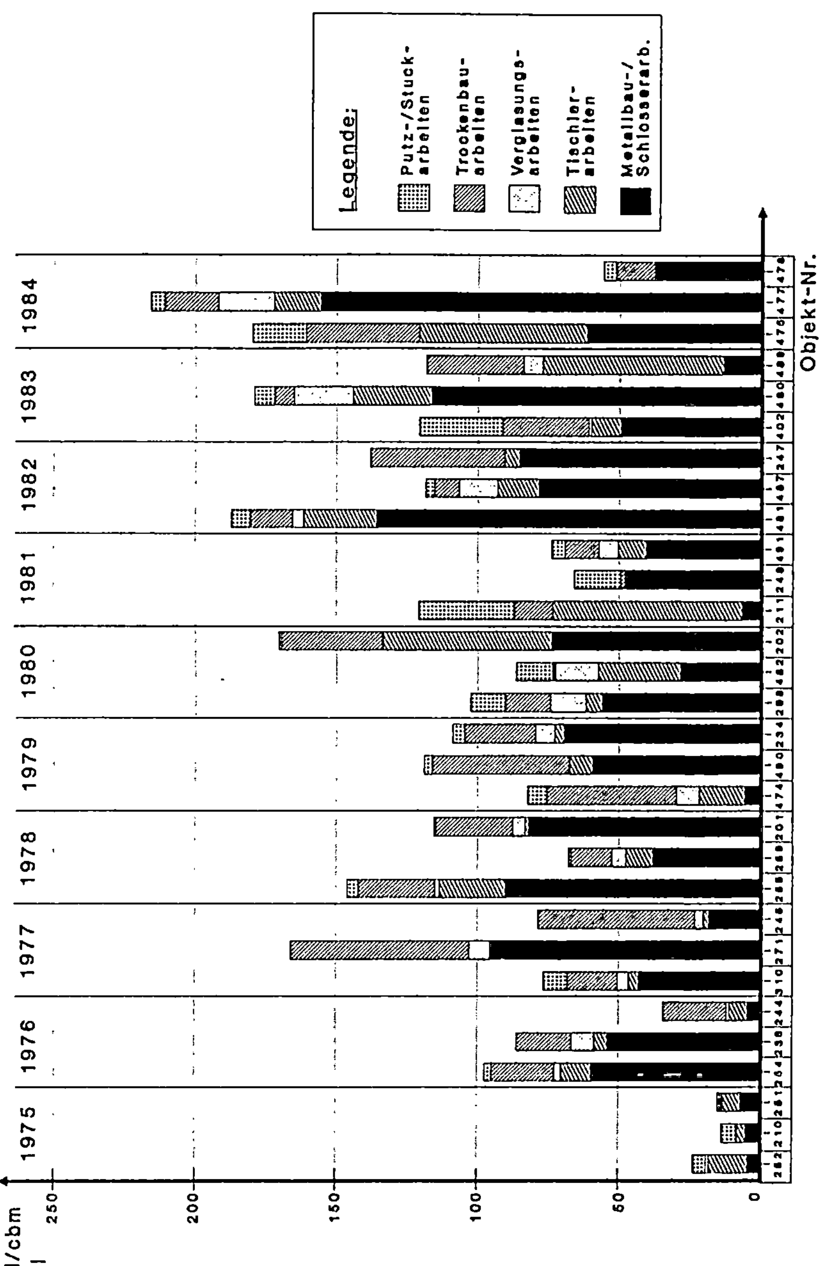

Anlage 10: Die Entwicklung von 5 Ausbauleitgewerken in DM/m³ BRI der ausgewählten Bauobjekte der Jahre 1975 bis 1984

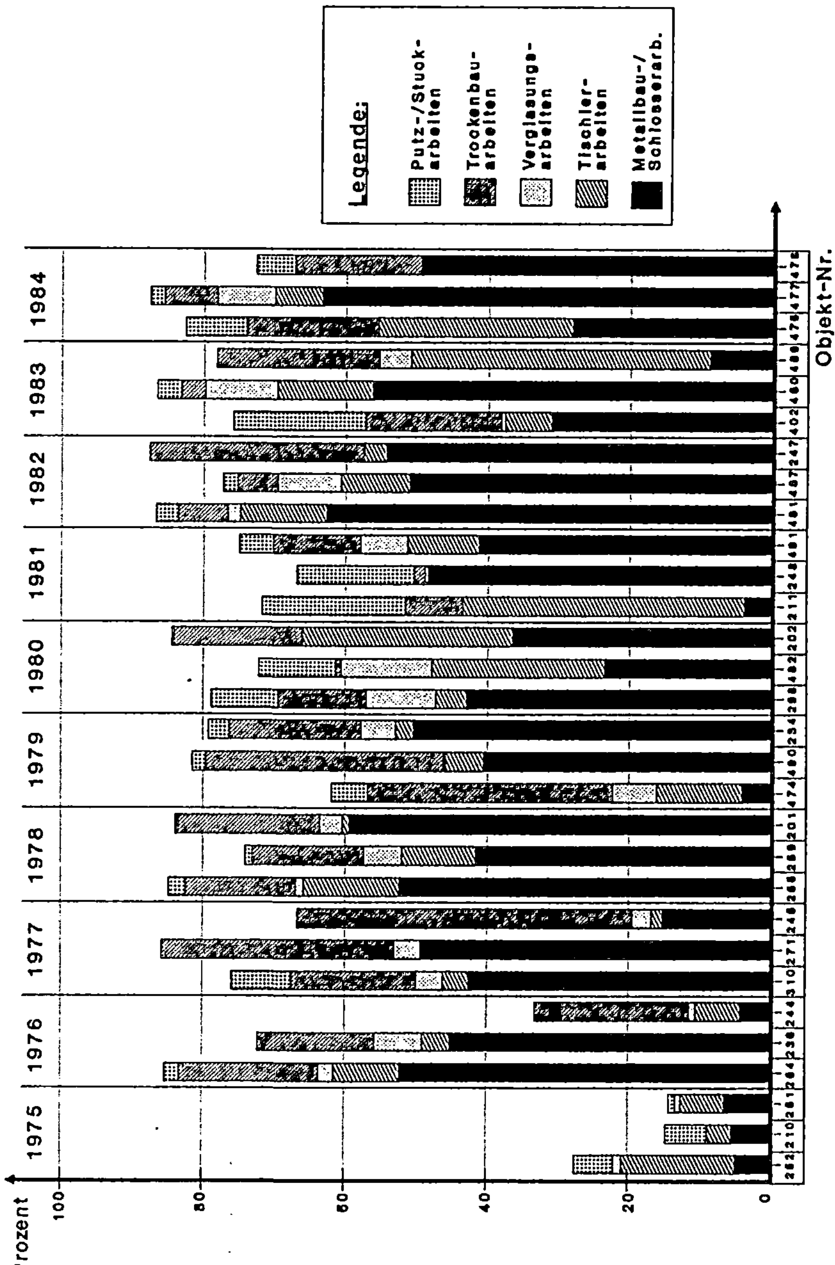

Anlage 11: Der prozentuale Anteil der 5 Ausbauleitgewerke am Ausbau (3.1.3)

Anlage 12:   Beispiel zur Festlegung eines Kostenrahmens und zur Bestimmung der Leitgewerke

Objektdaten:

Objektgröße: 26.500 m^3 BRI

Bauprelszonen:		Kosten des Bauwerkes		(3.0 DIN 276)
Basis DM/m^3 BRI	**Zone 1** DM/m^3 BRI	**Zone 2** DM/m^3 BRI	**Zone 3** DM/m^3 BRI	**Gewählt** DM/m^3 BRI
ROHBAU	150 - 200	● 201 - 250	251 - 300	**215,-**
AUSBAU	125 - 175	● 176 - 225	226 - 275	**205,-**
GEBÄUDE-TECHNIK	45 - 105	106 - 165	● 166 - 225	**170,-**

Kostenrahmen Rohbau:	26.500 m^3 BRI x 215,- =	5.697.500,-
Kostenrahmen Ausbau:	26.500 m^3 BRI x 205,- =	5.432.500,-
Kostenrahmen Gebäudetechnik:	26.500 m^3 BRI x 170,- =	4.505.000,-

Summe Bauwerk   15.635.000,-

Leitgewerke Rohbau	**Leitgewerke Ausbau**	**Leitgewerke Gebäudetechnik**
013:	039:	Element D:
012:	031:	Element B:
002:	027:	Element C:
	023:	
	032:	

Anlage 13: Ermittlung der Grundhonorare für Leistungen bei der Objektplanung von Gebäuden und raumbildenden Ausbauten (ausgewählte "Objektgrößen")
Grundlagen: §§ 12, 15 und 16 HOAI (Architektenhonorar) Honorarzonen III und IV

3.0 in DM/m³ BRI	3.2/3.3 in % von 3.0		Objektgröße in m³ BRI	Summe 3.0 in DM (incl. MwSt.)	Anrechenbare Kosten (o. MwSt.)	Honorar-Zone	Grundhonorar in DM (o. MwSt.)
A	B		C	D	E	F	G
375	20 %	1	5.000	1.875.000	1.644.736,84	III	114.106,05
		2	5.000	1.875.000	1.644.736,84	IV	143.759,34
		3	25.000	9.375.000	8.223.684,21	III	497.371,05
		4	25.000	9.375.000	8.223.684,21	IV	610.030,26
		5	50.000	18.750.000	16.447.368,42	III	969.119,74
		6	50.000	18.750.000	16.447.368,42	IV	1.172.152,63
500	25 %	7	5.000	2.500.000	2.124.451,75	III	142.992,00
		8	5.000	2.500.000	2.124.451,75	IV	179.871,22
		9	25.000	12.500.000	10.622.258,77	III	633.185,66
		10	25.000	12.500.000	10.622.258,77	IV	770.686,07
		11	50.000	25.000.000	21.244.517,54	III	1.243.070,72
		12	50.000	25.000.000	21.244.517,54	IV	1.497.769,19
625	30 %	13	5.000	3.125.000	2.569.901,32	III	169.808,06
		14	5.000	3.125.000	2.569.901,32	IV	213.413,57
		15	25.000	15.625.000	12.849.506,58	III	761.631,04
		16	25.000	15.625.000	12.849.506,58	IV	924.187,99
		17	50.000	31.250.000	25.699.013,16	III	1.490.295,23
		18	50.000	31.250.000	25.699.013,16	IV	1.786.865,95

Anlage 14: Ermittlung der Grundhonorare für Leistungen bei der Tragwerksplanung nach Teil VIII der HOAI (ausgewählte Objektgrößen)

Grundlagen: §§ 63, 64 und 65 HOAI (Tragwerksplanungshonorar) Honorarzonen III und IV

3.0 in DM/m³ BRI	3.1 in % von 3.0	3.2 in % von 3.0		Objektgröße in m³ BRI	Summe 3.0 in DM (incl. MwSt.)	Anrechenbare Kosten (o. MwSt.)	Honorar-Zone	Grundhonorar in DM (o. MwSt.)
A	B	C		D	E	F	G	H
375	80 %	14 %	1	5.000	1.875.000	769.736,84	III	48.581,71
			2	5.000	1.875.000	769.736,84	IV	60.924,61
			3	25.000	9.375.000	3.848.684,21	III	174.652,50
			4	25.000	9.375.000	3.848.684,21	IV	214.588,29
			5	50.000	18.750.000	7.697.368,42	III	303.244,08
			6	50.000	18.750.000	7.697.368,42	IV	369.316,58
500	75 %	17 %	7	5.000	2.500.000	979.166,67	III	58.837,92
			8	5.000	2.500.000	979.166,67	IV	73.566,67
			9	25.000	12.500.000	4.895.833,33	III	211.584,17
			10	25.000	12.500.000	4.895.833,33	IV	259.171,04
			11	50.000	25.000.000	9.791.666,67	III	367.265,83
			12	50.000	25.000.000	9.791.666,67	IV	445.922,92
625	70 %	20,5 %	13	5.000	3.125.000	1.167.763,16	III	67.479,93
			14	5.000	3.125.000	1.167.763,16	IV	84.171,25
			15	25.000	15.625.000	5.838.815,79	III	243.397,43
			16	25.000	15.625.000	5.838.815,79	IV	297.474,93
			17	50.000	31.250.000	11.677.631,58	III	421.208,36
			18	50.000	31.250.000	11.677.631,58	IV	510.211,32

Praxis der Bauwirtschaft

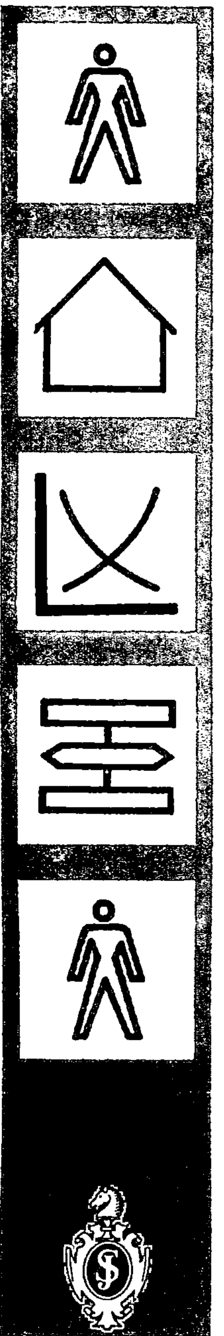

Herausgegeben von Professor Dr. Karlheinz Pfarr

K. Pfarr

Trends, Fehlentwicklungen und Delikte in der Bauwirtschaft

1988. 39 Abbildungen. 142 Seiten. Gebunden DM 64,-. ISBN 3-540-18939-4

Die Bauwirtschaft hat in den letzten vierzig Jahren bedeutsame Leistungen vollbracht. Begleitet wurden sie jedoch von Fehlentwicklungen und deliktischen Erscheinungen. Das Buch behandelt das aktuelle, brisante Thema in völlig neuer Darstellung und erstmals frei von Polemik in wissenschaftlich sauberer Aufbereitung.

K. Pfarr, M. Koopmann, D. Rüster

Was kosten Planungsleistungen? Kalkulieren – aber richtig!

1989. 57 Abbildungen. 164 Seiten. Gebunden DM 64,-. ISBN 3-540-50439-7

Mit dieser Veröffentlichung werden Möglichkeiten aufgezeigt, wie Zahlenmaterial, das ohnehin im Büro anfällt, für die wirtschaftliche Führung ausgestaltet werden kann. Diese transparente Darstellung bietet aber auch den Auftraggebern von Planungsleistungen wichtige Entscheidungshilfen bei der Beauftragung von Planungsleistungen auf der Grundlage von Zeithonoraren.

M. Koopmann

Kostentransparenz und Kostenpolitik als Teil einer systematischen Immobilienpolitik

1989. 25 Abbildungen. 174 Seiten. Gebunden DM 64,-. ISBN 3-540-50674-8

tm.8789/5/1b

Springer-Verlag Berlin Heidelberg New York London Paris Tokyo Hong Kong
Heidelberger Platz 3, D-1000 Berlin 33 · 175 Fifth Ave., New York, NY 10010, USA · 28, Lurke Street, Bedford MK40 3HU, England · 26, rue des Carmes, F-75005 Paris ·37-3, Hongo 3-chome, Bunkyo-ku, Tokyo 113, Japan · Citicorp Centre, Room 1603, 18 Whitfield Road, Causeway Bay, Hong Kong